Führer zu den Vulkanen Europas
Band 2: Deutschland · Frankreich

Maurice Krafft

Führer zu den Vulkanen Europas

in 3 Bänden

Band 2: Deutschland · Frankreich

25 Abbildungen, 21 Farbbilder

Übersetzt von Irène und Alberto Samaniego

Ferdinand Enke Verlag Stuttgart 1984

Titel der Originalausgabe: Guide des volcans d'Europe

Autor:
Maurice Krafft
Centre de Volcanologie Vulcain
B.P. 5
F-68700 Cernay

Übersetzer:
Irène und Alberto Samaniego
Sacsahuamán 142
Lima 3 – Salamanca
Peru

CIP-Kurztitelaufnahme der Deutschen Bibliothek

Krafft, Maurice:
Führer zu den Vulkanen Europas : in 3 Bd. / Maurice Krafft. [Übers.: Irène u. Alberto Samaniego]. – Stuttgart : Enke
Einheitssacht.: Guide des volcans d'Europe ⟨dt.⟩

Bd. 2. Deutschland, Frankreich. – 1984.
ISBN 3-432-93681-8

Enke-Taschenbuch

Printed in Germany
Satz und Druck: Druckhaus Dörr, Inh. Adam Götz, D-7140 Ludwigsburg, gesetzt auf Linotype System 5 (202)

Vorwort zur deutschen Ausgabe

Das französische Original dieses Führers wurde 1973/74 geschrieben, es wurde 1979 teilweise überarbeitet und auf den neuesten Stand gebracht. Inzwischen mögen einige Aufschlüsse, die in diesem Führer beschrieben sind, neu interpretiert worden sein, es haben neue Ausbrüche stattgefunden, hier und da mögen neue Straßen gebaut, neue Steinbrüche angelegt oder neue geothermische Anlagen errichtet worden sein.

Die vulkanologische Wissenschaft ist in schneller Entwicklung begriffen und die Oberfläche der Erde bleibt lebendig.

Trotz alledem ist der allergrößte Teil der Fakten und Beschreibungen von Exkursionsrouten noch gültig.

MAURICE KRAFFT

Vorwort zur französischen Ausgabe

Fast jedes Jahr bebt irgendwo auf unserer Welt die Erde, spuckt Feuer und verbreitet Schrecken, Verwüstung und Tod. Manchmal werden ganze Städte durch Lavaströme zerstört oder von Asche bedeckt.

Wir schulden den Wissenschaftlern, die das Leben der Vulkane, ihr Verhalten, ihre Launen und ihre Geschichte studieren, große Dankbarkeit.

Gewiß können wir keinen Vulkanausbruch verhindern oder unter Kontrolle bringen, aber wir können ihn dank der Vulkanobservationen voraussagen.

Unter den zahlreichen wissenschaftlichen Gruppen, die sich der Vulkanforschung widmen, ist die Equipe Vulcain sehr aktiv. Sie arbeitet in den Vulkangebieten der ganzen Welt, insbesondere in Italien, Island und Indonesien.

Maurice und Katia Krafft haben mit ihrem Team für ihr Buch den lebendigen Stil eines Reiseführers gewählt. Es analysiert und erklärt die Gebiete und schützt auch gewissermaßen den Reisenden, da er bei vulkanologischen Exkursionen öfters in Schwierigkeiten oder Gefahren kommen kann.

Die Einleitung zu diesem Buch gibt uns allgemeine Angaben über Geologie, Mineralogie, Petrographie, Geochemie, Geophysik und Magmengenese, die notwendig für eine gründliche Kenntnis der Vulkane sind.

Bei jedem Vulkan, zu dem uns die Autoren führen, wird dessen geographische und geologische Lage erwähnt, sowie seine Morphologie und seine mit der Menschheit verbundene Tätigkeitsgeschichte; nötigenfalls stützen sie sich auf die neuesten Ergebnisse der Archäologen, Prähistoriker und Paläontologen oder machen Gebrauch von den modernen Isotopenmethoden. Zahlreiche Karten aus neueren Veröffentlichungen erläutern die Beschreibungen; Bilddokumente unterstützen und illustrieren den Text.

Den Vulkanologen und Amateuren, die dieses Buch mit der festen Absicht lesen, selbst alles zu erkunden, werden viele praktische Hinweise gegeben. Alle Beschreibungen sind spannend und in einem klaren Stil geschrieben, ohne einen allzu fachmännischen Wortschatz zu benützen. Bei der Erwähnung von Unglücken, wie z. B. des

Ausbruchs des Eldfell im Januar-März 1973, wird der Stil noch ergreifender.

Was die italienischen Vulkane betrifft, so liest man mit großer Spannung die Beschreibung der post-vulkanischen Phänomene um Larderello. Sie geben den Autoren die Gelegenheit, fruchtbare Gedanken über die systematische Ausbeutung der geothermischen Energie einiger Vulkangebiete zu äußern.

Ich wäre glücklich, wenn diese wenigen Beispiele den Leser dazu aufmuntern würden, dieses Buch zu lesen; es wurde von qualifizierten Forschern geschrieben, denen man danken und zu ihrem Werk gratulieren muß.

In diesem Buch der „Vulkane Europas" werden Studenten und Amateurforscher reiche Nahrung für ihre Neugierde finden; die Geologen, die schon mehr über Vulkanismus wissen, werden hier auf wesentliche Ergänzungen in den verschiedenen Aspekten der neuesten Forschungen der Vulkanologen stoßen.

Jean Orcel
Honorarprofessor der
Mineralogie
am Nationalmuseum für
Naturgeschichte

Zum Gebrauch dieses Führers

Bevor Sie diesen Führer benützen, ist es ratsam zunächst das Kapitel über Allgemeines, Petrographie, Magmatologie, Eruptionsvorgänge und allgemeine Hinweise zu lesen.. Nur so ist es möglich, die in den weiteren Abschnitten folgende Information optimal zu nutzen. Was die verschiedenen Mineralien, die in diesem Buch genannt werden, betrifft, empfehlen wir dem Leser, auf die Bücher „Mineralien; Sammeln, Bestimmen, Vorkommen, Merkmale" von RUDOLF JUBELT, Stuttgart (Enke) 1978 oder „Lexikon der Mineralogie" von GÜNTER STRÜBEL und SIEGFRIED H. ZIMMER, Stuttgart (Enke) 1982 zurückzugreifen.

Es werden Ratschläge für die Exkursionsrouten in jedem Land gegeben, mit Angaben über die günstigste Reisezeit, über den Weg dorthin sowie über Unterkunft, benötigte Ausrüstung und nützliche topographische und geologische Karten.

Die Wichtigkeit jeder Exkursion wird durch Sternchen gekennzeichnet:

**** geologisch äußerst interessantes Gebiet, unbedingt zu besichtigen

*** geologisch sehr interessantes Gebiet, darf man nicht auslassen

** interessantes Gebiet, Besichtigung nützlich, um die Kenntnisse über den Vulkanismus dieses Gebiets zu vervollständigen

* interessantes Gebiet besonders für Spezialisten, oder betrifft den Vulkanismus strenggenommen nur am Rande

Zu jeder Exkursionsbeschreibung werden folgende Angaben gemacht: Länge der Strecke, Zugänglichkeit, geologische Besonderheiten in Stichworten, minimale Dauer der Besichtigung ohne Rückweg, Angaben über die Schwierigkeit der Strecke und andere praktische Hinwcise.

Die Exkursionen folgen einander in geographischer Anordnung, von Norden nach Süden oder umgekehrt, oder im Uhrzeigersinn, oder auch in Abhängigkeit von den Hauptstraßen.

Einleitung

Einen solchen Führer zu verfassen ist eine recht schwierige Aufgabe, weil es nicht leicht ist, die vielen wissenschaftlichen Werke über die westeuropäischen Vulkane des Tertiärs und Quartärs zusammenzufassen.

Da es sich nicht um ein Lehrbuch handelt, wählten wir willkürlich die typischsten und bekanntesten Vulkane aus; so kommt es, daß die Vulkane der Kanarischen Inseln, der Azoren, Spaniens, Sardiniens, Schottlands, Irlands und der Faeroer Inseln hier nicht beschrieben werden. Dieser Führer erfaßt nur die Vulkane Frankreichs, Islands, Italiens, Griechenlands und Deutschlands. Wir haben die berühmtesten und die bezeichnendsten ausgesucht. Infolgedessen wird ein wichtiger Vulkan wie z. B. der Cantal nicht behandelt, da er viel Ähnlichkeit mit dem hier beschriebenen Mont Dore hat. Ebenso ausgeschlossen von diesem Werk sind die Vulkane der Causses und des Bas-Languedoc in Frankreich, die von Ostisland und die von Norditalien, weil sie für den Nicht-Petrographen von geringem Interesse sind. Von Griechenland wird nur Santorin behandelt. Die deutschen Vulkane sind durch die des Siebengebirges, des Laacher-See-Gebiets und der Westeifel, der Schwäbischen Alb, des Kaiserstuhls und des Hegaus vertreten. In einem derartigen Buch ist es unvermeidlich, daß viele Vulkane „geopfert" werden müssen – zugunsten einiger ausführlich behandelter.

Wir wollten vor allem dem Nichtfachmann und dem Studenten ein einfaches, gut belegtes Werk zur Verfügung stellen, das eine lehrreiche Besichtigung der bedeutendsten westeuropäischen Vulkane ermöglicht. Wir haben es jedoch vermieden, zuviel Auskunft über die Exkursionsrouten zu geben; Freunde der Vulkanologie sollen dadurch die Möglichkeit haben, ihren Unternehmungsgeist zu beweisen und sich selber mit Land- und Generalstabskarten zu orientieren, um die interessanten Stellen zu finden.

Jede behandelte Vulkanzone umfaßt eine Beschreibung der Art des Vulkanismus dieses Gebietes, gefolgt von genauen Exkursionsrouten, die die allgemeinen Angaben über diesen Vulkan erläutern. Gewiß werden neue Forschungen einige Theorien bestätigen oder widerlegen, aber der Führer wird immer wieder auf den neuesten Stand gebracht.

Die Angaben in diesem Buch beruhen, bis auf wenige Ausnahmen, selbstverständlich nicht allein auf eigenen Forschungen, sondern basieren auf den Arbeiten von über hundert Vulkanologen, deren zwangsläufig unvollständige Liste wir hier aufführen.

Im Kapitel „Allgemeiner Überblick" über Petrographie, Magmatologie und Eruptionsmechanismen haben wir uns auf die Veröffentlichungen von R. Brousse, J. Jung, A. Lacroix und A. Rittmann gestützt.

In dem Kapitel über Frankreich haben wir vor allem die Veröffentlichungen von R. Brousse und A. Rudel berücksichtigt, aber auch die von D. Baudry, Y. Bentor, E. Berger, C. Bobier, A. Bouchart, P. Bout, G. Camus, C. Causse, Y. Chaleil, J. L. Cheminée, J. Cibot, A. Darvich-Zad, A. de Goer de Herve, G. Delibrias, B. Gèze, L. Glangeaud, J. Jung, J. Labeyrie, P. Lapadu-Hargues, Ch. Lefèvre, J. C. Lemonnier, R. Létolle, P. Marty, R. Maury, R. Michel, A. Michel Levy, M. Niel, P. Olive, J. M. Peterlongo, A. Roche, J. Roche, M. Roques, J. Varet, N. Vatin Perignon, P. M. Vincent, H. Vuittenez.

Im Kapitel über Island stützten wir uns hauptsächlich auf die Veröffentlichungen von S. Thorarinsson, aber auch auf die von B. Arnason, J. Askelsson, G. Bardarson, T. W. Barth, S. Bjornsson, D. H. Blake, G. Bodvarsson, P. Bout, R. Dearnley, R. W. Decker, I. Dougall, C. Drake, G. Elisson, G. Einarsson, T. Einarsson, Th. Einarsson, J. D. Friedman, W. Friedrich, I. L. Gibson, S. Jakobsson, O. Jonsson, G. Kjartansson, A. Noe-Nygaard, H. Noll, G. Palmason, A. Rittmann, M. G. Rutten, K. Saemundsson, W. Schutzbach, M. Schwarzbach, H. Sigurdsson, G. Sigvaldason, T. Sigurgeirsson, G. Steinthorsson, F. Strauch, T. Thoroddsen, J. Tomasson, E. Tryggvason, R. W. van Bemmelen, J. von Ulrich, G. P. L. Walker, P. L. Ward, H. Wensink.

Das Kapitel über Italien basiert vor allem auf den Veröffentlichungen von H. Pichler und A. Rittmann, aber auch auf denen von B. Baldanza, C. Blot, S. Borsi, L. Casertano, J. L. Cheminée, M. Chaigneau, S. Cucuzza Silvestri, M. Dire, P. Evrard, M. Fornaseri, B. Gianetti, J. Honorez, G. Imbo, R. Jakob, J. Keller, G. Kieffer, J. Klerkx, E. Locardi, F. Machado, G. Marinelli, R. Mazzuoli, M. Mittempergher, P. Moderni, W. Medwenitsch, G. Napoleone, E. Nickel, P. Olive, E. Peterschmitt, G. Ponte, R. Romano, A. Scherillo, C. Sturiale, J. C. Tanguy, J. Valette, U. Ventriglia, L. Villari.

Im Kapitel über Griechenland stützen wir uns hauptsächlich auf die Veröffentlichungen von G. C. Georgalas und H. Pichler, aber auch auf die von E. Bacon, N. Davis, A. G. Galanopoulos, J.

HAYS, P. HEDERVARI, J. KELLER, J. V. LUCE, S. MARINATOS, M. NEUMANN VAN PADANG, D. NINKOVICH, R. W. VAN BEMMELEN.

Das Kapitel über Deutschland basiert vor allem auf den Veröffentlichungen von H. CLOOS, J. FRECHEN, W. WEISKIRCHNER & W. WIMMENAUER, aber auch auf denen von W. AHRENS, W. CIPA, W. VON ENGELHARDT, W. HASEMANN, F. HOFMANN, O. KAPPELMEYER, J. KELLER, H. LASPEYRES, J. P. LAUER, M. PFANNENSTIEL, A. ROCHE, J. P. ROTHÉ, K. SAUER, H. SCHNEIDERHÖHN, A. SCHREINER, L. SCHULTE, R. STELLRECHT, J. UHLIG.

Wegen der Verständlichkeit des Textes werden wir bis auf ganz wenige Ausnahmen keine weiteren Hinweise auf Autoren geben.

Jedem Kapitel über den Vulkanismus eines Landes folgt ein Literaturverzeichnis. Das Fotomaterial kommt aus der Fotothek der Equipe Vulcain; wir danken J. J. BAQUET, J. G. BARTAIRE, J. EHRHARD-SCHROPF, M. LESUR, J. M. NASS, PH. PATAYDIBOLSKI für einzelne Aufnahmen.

Zuletzt wollen wir auch allen danken, die der Equipe Vulcain helfen und sie unterstützen, sei es in Frankreich oder im Ausland.

Cernay, Mai 1974

MAURICE KRAFFT,
Equipe Vulcain

Von MAURICE und KATJA KRAFFT sind bereits erschienen:
Volcans et Tremblements de Terre. – Paris, Deux Coqs d'Or 1971
Les Volcans. – Paris, Draeger Vilo 1975
Volcano. – [auf englisch] New York (Abrams), 1975
A l'Assaut des Volcans. – Paris (Presses de la Cité), 1976
La Fournaise. – (Édition Roland Benard), 1977
La Terre, une Planète vivante!. – (Hachette) 1978
Volcans, le réveil de la Terre. – (Hachette Réalités) 1979

Inhalt

Vulkane Deutschlands

Außer der Eifel und dem Kaiserstuhl, beide weltbekannt, gibt es noch ungefähr 10 weitere Vulkangebiete in Deutschland. Der tertiäre und quartäre Vulkanismus Deutschlands ist petrographisch, magmatologisch und geomorphologisch interessant.

Allgemeine Vulkanologie

Geologischer Rahmen

Die Vulkane Deutschlands liegen auf 600 km Länge mehr oder weniger entlang dem Rhein. Mit der K/Ar-Methode konnten einige vulkanische Ereignisse genau datiert werden. Man unterscheidet von Süden nach Norden elf Vulkangebiete:

1) Hegau (vom mittleren bis oberen Miozän vor 6 Millionen Jahren),
2) Kaiserstuhl (vom unteren Miozän vor 18 Millionen Jahren bis zum mittleren Miozän vor 16 Millionen Jahren),
3) Schwäbische Alb (vom unteren Miozän vor 20,4 Millionen Jahren bis zum mittleren Miozän),
4) Katzenbuckel (unteres Eozän vor 66 Millionen Jahren),
5) Trapp von Frankfurt (unteres Miozän oder Pliozän),
6) Vogelsberg (vom unteren Miozän bis zum mittleren Pliozän),
7) West-Eifel (vom unteren Pleistozän vor 400 000 Jahren bis zum Holozän vor 10 000 Jahren),
8) Laacher See-Gebiet (Eifel) (vom unteren Pliozän vor 570 000 Jahren bis zum Holozän vor 11 000 Jahren),
9) Siebengebirge (vom Oligozän bis zum unteren Miozän vor 22,8 Millionen Jahren),
10) Westerwald (vom Oligozän bis zum Miozän),
11) Odenwald, Spessart und Taunus (Tertiär).

All diese Vulkangebiete liegen in Gräben und Horsten im Einzugsbereich der Bruchtektonik, die als Fernwirkung der Faltung der Alpen aufzufassen ist. Der Rheingraben, mit Ausläufern im NW bis zum Westerwald und im SO bis zum Hegau, sinkt heute noch um 1 mm pro Jahr ab. Hier gibt es zahlreiche Beben, und die Gegend von Basel wird als die bebenreichste Zone Mitteleuropas angesehen; im Jahre 1356 forderte hier ein Beben mehr als 300 Todesopfer. Es gibt drei Haupt-Störungsrichtungen, die man in den meisten Vulkankomplexen Deutschlands wiederfindet: Eine sehr wichtige von Nord nach Süd, eine wichtige von NW nach SO und eine weniger wichtige von O nach W.

Der deutsche Vulkanismus ist durch eine große Anzahl verschiedener Ausbruchsmechanismen charakterisiert; man trifft hier: Peléanische Kuppen (z. B. Kaiserstuhl), Ausbrüche vom Hawaii-Typ (z. B. Vogelsberg), Ausbrüche vom Stromboli- und Vulcano-Typ (z. B. Eifel) und explosive Tätigkeiten (z. B. Schwäbische Alb).

Es gibt noch zahlreiche postvulkanische Erscheinungen. In Baden-Baden gibt es Quellen mit 69 °C, und bei einer Bohrung im Rheingraben bei Soultz im Unterelsaß (Frankreich) herrschte in 1655 m Tiefe eine Temperatur von 184 °C. Der geothermische Gradient erreicht 1 °C pro 8 m im Rheingraben. Man nimmt an, daß diese hot spots die Folge von magmatischen Intrusionen sind.

Petrographie

Petrographisch gesehen ist der deutsche Vulkanismus vor allem reich an basaltischen Gesteinen, aber es gibt auch einige saure Gesteine, vor allem in Form von Bimsstein. Die vulkanischen Gesteine verteilen sich wie folgt in den verschiedenen Komplexen:

1) Hegau: Phonolith-Melilithit;
2) Kaiserstuhl: Phonolith-Tephrit-Nephelinit, Limburgit-Essexit-Karbonatit,
3) Schwäbische Alb: Melilithit;
4) Katzenbuckel: Nephelinit;
5) Trapp von Frankfurt: Basalt;
6) Vogelsberg: Trachyt-Phonolith-Basalt;
7) West-Eifel: Tephrit-Basanit;
8) Eifel, Laacher See-Gebiet: Phonolith-Basanit-Tephrit-Nephelinit-Leucitit;
9) Siebengebirge: Trachyt-Latit-Basalt;
10) Westerwald: Trachyt-Latit-Basalt;
11) Odenwald, Spessart und Taunus: Basalt-Phonolith-Trachyt.

Man nimmt an, daß die Phonolithe, Basanite, Nephelinite und vielleicht die Leucitite durch gravitative Differentiation und Pneumatolyse aus einem olivinbasaltischen Magma aus dem Mantel hervorgegangen sind. Durch Kalkassimilation sind aus diesem Magma die Karbonatite und Melilithite entstanden. Die Assimilation saurer Gesteine hat die Trachyte und Latite ergeben. Die Basalte stammen ohne große Veränderungen aus dem Mantel.

Wir werden nur die Vulkane des Siebengebirges, des Laacher See-Gebiets, der West-Eifel, der Schwäbischen Alb, des Kaiserstuhls und des Hegaus untersuchen.

Hinweise

Vulkanologische Exkursionen sollte man in Deutschland am besten von Juni bis Oktober unternehmen, auch wenn es öfters regnet.

Die Verbindungen zwischen den verschiedenen Vulkankomplexen sind dank der Autobahnen sehr gut und schnell; da die Vulkane oft in geschützten Naturparks liegen, sind die zu besichtigenden Stellen markiert, und manchmal gibt es sogar Hinweistafeln, auf denen die Geologie des Gebietes skizziert ist. Ein Rundflug ist besonders interessant im Gebiet der Maare der West-Eifel; ein kleiner Flughafen liegt ganz in der Nähe des Weinfelder Maars; für eine geringe Summe kann man einen viertelstündigen Flug machen.

Unterkunft in Hotels oder Jugendherbergen. Geologische Ausrüstung genügt, wasserundurchlässige und warme Kleidung sind notwendig.

Topographische Karten im Maßstab 1 : 25 000 und 1 : 100 000 sind seht gut und in allen Buchhandlungen in den Gegenden, die man besucht, erhältlich. Geologische Karten (1 : 25 000) werden von den verschiedenen geologischen Landesämtern herausgegeben (z. B. Baden-Württemberg). Es gibt sehr genaue Führer, man findet sie in den Buchhandlungen der Großstädte.

Der Kaiserstuhl

Der Kaiserstuhl, mit seinem höchsten Punkt, dem Totenkopf (559 m), liegt im Oberrheingraben östlich des Rheins, nordwestlich von Freiburg im Breisgau.

Geographische Lage

Der Vulkankomplex des Kaiserstuhls umfaßt eine Fläche von 150 km^2; sein Durchmesser beträgt in Ostwest-Richtung 12 km und in Nordsüd-Richtung 13 km. Entstanden ist er im Jungtertiär, hauptsächlich im Miozän, nach der Phase der Bruchbildung des Rheingrabens. 85% des Massivs sind mit quartärem Löß bedeckt, so daß es schwer ist, die großen geologischen Einheiten zu unterscheiden. Jedoch unterteilt man den Vulkan in drei Einheiten:

1) Im Osten, ein von Sedimenten – vor allem aus dem Jura und Oligozän – bedecktes Gebiet, aus dem aber drei große phonolithische Extrusivkuppen herausragen: Der Fohberg (600 m lang, 450 m breit, 324 m hoch), der Endhalden (450 m lang, 250 m breit, 336 m hoch) und der Käferholz (400 m lang, 150 m breit, 346 m hoch).

2) Im Zentrum eine an Gängen und Einschlüssen sehr reiche Intrusivmasse, mit dem Badberg (435 m) und dem Orberg (403 m).

3) Im Westen, Stratovulkane; die wichtigsten befinden sich in Breisach am Rhein (225 m), am Humberg (246 m), am Lützelberg (230

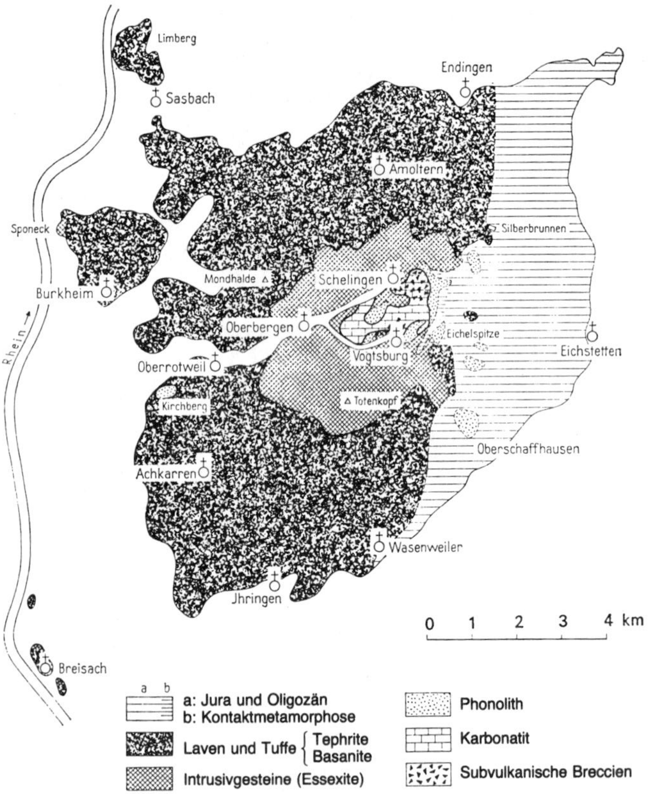

Abb. 1 Vereinfachte geologische Karte des Kaiserstuhls (nach *Wimmenauer* [1963]: Geologisches Landesamt Freiburg i. Br.)

m), am Limberg (272 m) und als Phonolithkuppe am Kirchberg (430 m lang, 200 m breit, 295 m hoch).

Die tektonischen Bruchzonen verlaufen vor allem in nordsüdlicher Richtung, wie die Phonolithkuppenreihe im östlichen Teil des Vulkans beweist.

Es gibt mehrere Thermalquellen; eine davon, in Badberg, hat eine Temperatur von 20 °C.

Der Kaiserstuhl war Schauplatz einiger Beben, die aber kaum Sachschaden verursachten.

Geologischer Rahmen

Die zahlreichen Sediment- und Graniteinschlüsse sowie die Aufschlüsse im Ostteil lassen die Beschaffenheit des Untergrunds unter dem Vulkan erahnen. Der Granitsockel liegt in einer Tiefe von etwa 1500 m, er wird von sehr mächtigen jungpaläozoischen bis oberoligozänen Sedimenten überlagert. Man trifft von unten nach oben nacheinander:

- Sandsteine und Konglomerate (Perm);
- Sandsteine und Muschelkalk (Trias);
- Mergelsteine und Kalksteine (Jura);
- Kalksteine, Sandsteine und Mergelsteine (Eozän, Oligozän).

Miozäne Mergel, Konglomerate und Kalksteine wurden während der vulkanischen Tätigkeit des Kaiserstuhls abgelagert; dagegen sind der Löß und die Schotter des Quartärs nach dem Erlöschen des Vulkans entstanden.

Erdgeschichtlicher Abriß

Aufgrund geologischer, petrographischer und geochronologischer Untersuchungen, von K/Ar-Datierungen sowie von paläomagnetischen Messungen konnte die Geschichte dieses Vulkans recht gut rekonstruiert werden. Was die Vielfalt der Gesteine anbelangt, so ist er einer der kompliziertesten Vulkane Europas. Man unterteilt die Entwicklung dieses Vulkankomplexes in drei Perioden:

Erste Periode: Im Eozän beginnt der Einbruch des Rheingrabens, bis zum Oligozän werden mächtige Sedimente abgelagert, während durch tektonische Bewegungen einige Zonen um mehrere hundert Meter gehoben werden und ein Störungsliniennetz mit hauptsächlich nordsüdlicher Ausrichtung entsteht. Die vulkanische Tätigkeit beginnt mit dem Miozän mit starken Explosionsphasen, vor allem im Osten des Massivs; es werden phonolithische und essexitische Tuffe und vulkanische Brekzien gefördert, die reich an Tiefengesteinseinschlüssen sind.

Zweite Periode: Ungefähr vor 18 Millionen Jahren, noch während des Miozäns, entstehen zuerst im Osten, dann im Westen mehrere bedeutende Stratovulkane. Ergüsse von Tephriten, Limburgiten und Nepheliniten wechseln sich mit Aschen gleicher oder manchmal phonolithischer Natur ab. Dies ist die wichtigste Phase des Kaiserstuhls; sie dauerte bis ans Ende der vulkanischen Tätigkeit fort. Der Stratovulkan Limberg-Lützelberg wird auf ein Alter von 16 Millionen Jahren datiert, seine Entstehung wird als die jüngste Tätigkeit des großen Vulkans angesehen. Tatsächlich ist der Limberg zum Teil ein tektonischer Graben, in dem sich während des oberen Miozäns gleichzeitig mit der vulkanischen Tätigkeit Mergel, Kalke und Sande abgelagert haben. Im einzelnen ereigneten sich die Ausbruchsphasen des Limberg-Lützelberg – von der ältesten zur jüngsten – wie folgt:

- Förderung eines Nephelinitstroms sowie von Tuffen gleicher Zusammensetzung;
- Förderung von phonolithischen Tuffen;
- Erguß eines ersten Limburgitstroms;
- Förderung von phonolithischen Tuffen gefolgt von Nepheliniten;
- Erguß eines zweiten Limburgitstroms;
- Ablagerungen von tephritischen Tuffen;
- Sedimentablagerungen von Mergel, Kalken und Sanden des oberen Miozäns;
- Förderung von Tuffen mit Phonolith;
- Erguß eines Nephelinitstroms.

Dieser Vulkan, dessen Geschichte durch eine Wechselfolge von Ergüssen und Aschen charakterisiert ist, stellt den Idealtyp des Stratovulkans dar.

Dritte Periode: Während der Entstehung der Stratovulkane vor 17 Millionen Jahren war der Kaiserstuhl, vor allem in seinem Zentrum, Sitz einer starken intrusiven Tätigkeit. Man unterscheidet vier Phasen, deren Grenzen unscharf sind; von der ältesten zur jüngsten sind es die folgenden:

- Injektion von Phonolithgängen und Extrusion von Kuppen gleicher Natur: drei im Osten, eine im Westen;
- Injektion der bedeutenden essexitischen Zentralmasse, begleitet von ihrem Ganggefolge;
- Aufstieg von Karbonatiten inmitten der Essexite;
- Injektion von Essexit- und Phonolithadern in den vorher entstandenen Komplex.

Diese vier Phasen haben eine Ausdehnung des Vulkans um mehrere hundert Meter von Ost nach West verursacht, denn die Gänge, die in die Spalten eingedrungen sind, streichen hauptsächlich in nordsüdlicher Richtung.

Im Pleistozän hatte der Kaiserstuhl schon seine heutige abgetragene Form; quartärer Löß bedeckte den Vulkan und schützte sein Relief bis heute.

Es sei darauf hingewiesen, daß der Einbruch des Rheingrabens mindestens bis ins Jungpleistozän andauerte, und es scheint sogar, daß er sich heute noch fortsetzt.

Petrographie – Magmatologie

Die Petrographie des Kaiserstuhls ist sehr komplex, denn die Gesteine sind sehr verschieden. Man kann jedoch zwei große Familien unterscheiden: die der Essexite und die der Nephelinsyenite.

Die Familie der Essexite umfaßt Tephrite, Nephelinite, Limburgite und die eigentlichen Essexite.

Die Familie der Nephelinsyenite umfaßt die Phonolithe und Karbonatite.

Zu diesen Gesteinen kommen noch durch Metamorphose entstandene Marmore hinzu.

Die Leucittephrite und manchmal Olivintephrite sind in frischem Zustand dunkelgrau bis schwarz, wenn sie verwittert sind, sind sie braun, violett oder rot. Sie sind dicht oder porös; makroskopisch erkennt man große Augitkristalle (1 bis 10 mm), weißen Leucit, manchmal einige Olivine, seltener Plagioklas und Magnetit. Diese Gesteine erscheinen in den Stratovulkanen des Kaiserstuhls in Form von Ergüssen oder Tuffen, wie in Achkarren oder am Humberg.

Die Olivinnephelinite und manchmal Alkalifeldspat-Nephelinite sind in frischem Zustand dunkelgrau bis schwarz; sie sind rot, wenn sie verwittert sind und der Olivin zu Hämatit und Karbonat geworden ist. Diese Gesteine sind dicht; sie enthalten viele Olivinkristalle oder -einschlüsse, die bis zu 20 cm erreichen können, sowie einige mit bloßem Auge sichtbare Augitkristalle. Die Nephelinite bilden entweder Ergüsse oder Auswürflinge mit manchmal wunderbaren spindelförmigen vulkanischen Bomben mit großen Olivinkernen; man trifft sie in den Stratovulkanen des Lützelberges und des Limberges an.

Die Limburgite sind schwarz bis rotbraun, dicht oder voller Vakuolen, die mit Zeolithen ausgekleidet sind. Makroskopisch erkennt man große, gut ausgebildete Kristalle von Augit (3 bis 10 mm) und von im frischen Zustand flaschengrünem Olivin, der durch Verwitterung gelb bis rotbraun wird. Diese Kristalle schwimmen in einem Glas, das insbesonders Nephelin enthält. Diese Gesteine fand man am Kaiserstuhl nur in Form von Lavaströmen am Stratovulkan Limberg.

Die Essexite, die in frischem Zustand bläulichgrau sind, erkennt man leicht an ihrem schwarz-weiß gefleckten Aussehen, sobald sie verwittert sind. Makroskopisch erkennt man Augit, schwarzen Magnetit, weißen Plagioklas und manchmal Biotit und Olivin. Diese Gesteine sind tatsächlich sehr variabel und enthalten manchmal mit bloßem Auge sichtbaren Hauyn oder andere Foide und bilden am Kaiserstuhl ein großes zentrales Intrusivmassiv (in der Umgebung von Oberbergen, Schelingen und Vogtsburg), das von mehr als tausend Gängen gleicher Zusammensetzung, die aber später eingedrungen sind, durchzogen ist. Die Ganggesteine stellen oft petrographische Seltenheiten dar und sind nach Orten oder Gebieten benannt, wie der Mondhaldeit und der Gauteit (helle Gesteine), oder der Monchiquit und der Bergalith (dunkle Gesteine). Alle enthalten mit bloßem Auge gut sichtbare Augitkristalle.

Die Phonolithe sind hellgrau, grüngrau oder braungrau, weißlich durch Verwitterung; makroskopisch erkennt man Alkalifeldspat, Augit, schwarzen Melanit, ziegelroten Hauyn und manchmal Wollastonitfasern. Diese Kristalle sind im allgemeinen 1 bis 2 mm groß, aber in den Phonolithen der Gänge erreichen die Alkalifeldspäte manchmal 2 cm und weisen eine Fluidalanordnung auf. Zahlreiche Minerale bilden sich in den Spalten im Inneren der Phonolithmassive: Melanit, Apophyllit, Natrolith, Analcim, Opal, Calcit, Aragonit und Baryt. Die Phonolithe enthalten oft Einschlüsse von Tiefengesteinen. Diese Gesteine bilden Extrusionskuppen wie den Fohberg und den Kirchberg, aber auch zahlreiche Gänge durch das gesamte Kaiserstuhl-Massiv, denen man Lokalnamen gegeben hat, wie Tinguait (reich an Alkalifeldspat) und Shonkinit (mit großen Augit-, Biotit- und Feldspatkristallen).

Die Karbonatite, wahre petrographische Absonderlichkeiten, sind in frischem Zustand hellgrau bis bläulich, weiß, wenn sie verwittert sind; sie ähneln dem Marmor und bestehen hauptsächlich aus großen verzwillingten Calcitkristallen, die 30 cm Länge erreichen können; man erkennt auch 1 bis 3 mm große Magnetitoktaeder, 1–5 mm große graugelbe Körner von Forsterit, Koppit in rotbraunen Oktaedern von 1 bis 2 mm Größe sowie Apatitnadeln bis zu 5 mm Länge. Der Koppitkarbonatit des Kaiserstuhls wurde wegen des Niobs (0,2 bis 0,3 Vol.-%) abgebaut. Im Jahre 1937 hat die I. G. Farben in Ludwigshafen achttausend Tonnen Karbonatit verarbeitet. Heutzutage wird er nicht mehr abgebaut. Die Karbonatite bedecken eine 1 km^2 große Fläche im Zentrum des Kaiserstuhls bei Schelingen; sie sind intrusiv und enthalten zahlreiche Essexit-Einschlüsse.

Die Marmore, wahrscheinlich durch Kontaktmetamorphose entstanden, sind gelblich bis rostbraun und leicht erkennbar, weil sie durch Biotitblättchen glänzend erscheinen. Makroskopisch erkennt man Calcitkörner, die 80% des Volumens ausmachen, die Biotitblättchen sowie den Magnetit. Die Aufschlüsse, die sich alle im Zentrum des Massivs befinden, unter anderem im Badloch und am Orberg, weisen eine sehr charakteristische Parallelschichtung sedimentären Ursprungs auf.

Magmatologisch gesehen gibt es wahrscheinlich zwei unabhängige Magmenkammern, die beide von einem basaltischen Stamm-Magma herstammen. Eine dieser Magmenkammern ist essexitischer Natur, die andere enthält ein Nephelinsyenit-Magma. Genauer betrachtet hat das Essexitmagma ohne Veränderung die Tephrite und durch basische Differentiation die Limburgite und Nephelinite ergeben; es ist in die Gesteine eingedrungen und führte so zur Entstehung des intrusiven essexitischen Massivs sowie seines Ganggefolges. Das Nephelinsyenit-Magma lag mit Sicherheit in beträchtlicher Tiefe, denn die geförderte Lava enthält viele Granit- und Gneiseinschlüsse; aus ihm sind die Phonolithe entstanden und es hat Salz von den Sedimentgesteinen des Untergrunds assimiliert, wodurch Minerale der Sodalith-Gruppe entstanden sind. Der Ursprung der Karbonatite ist sehr umstritten. Für einige Wissenschaftler handelt es sich um die Assimilation von Kalkgesteinen, andere meinen, es fand eine intensive Differentiation in der Tiefe statt, die zur Abtrennung eines karbonatitischen Magmas führte.

Exkursionen

Von Oberschaffhausen nach Sasbach***

Rundreise von 30 km.
Leicht erreichbar.
Geologisch interessant: Kuppen, Phonolith, Gänge, Panorama, Marmor, Thermalquelle, Karbonatit, Stratovulkane, Tuff, Mergel, Kalkstein, Sandstein, Löß.
Mindestdauer: Ein Tag.

Von Freiburg im Breisgau oder von Breisach am Rhein fährt man nach Oberschaffhausen am südlichen Rande des Kaiserstuhls. Von da aus folgt man der Straße in Richtung Oberrotweil. Nach 1,5 km liegt rechts der Straße ein sehr großer Phonolithbruch in der Kuppe des Fohbergs; er ist noch in Betrieb. Man kann hier sehr schöne Proben von Wollastonitphonolith sammeln. Der Aufschluß wird von zahlreichen Spalten durchzogen, die hauptsächlich von der Erstarrung der Kuppe herrühren. Calcit- und Barytadern sind häufig. Das Ganze wird von Löß mit Polygonbodenstrukturen überlagert.

Danach fährt man zum Vogelsang-Paß hinauf, wo die Straße stark zersetzte Gänge von Essexit schneidet, die von zahlreichen Calcitadern durchzogen sind. Ein kleines Phonolithvorkommen streicht südöstlich der Straße aus. Von hier aus hat man einen schönen Ausblick über den zentralen Kaiserstuhl. Dann fährt man über Vogtsburg südlich am Badloch entlang, bis vor Oberbergen ein kleiner Weg rechts abzweigt, der zu einem Steinbruch führt, in dem glimmerreicher Marmor ansteht, durchzogen von zwei Tinguaitgängen. Geht man auf dem Weg einige Meter weiter, trifft man auf eine Thermalquelle (20 °C), die sich in ein Becken ergießt. Man folgt wieder der Straße nach Oberbergen, und genau an der Abzweigung nach Schelingen schlägt man den kleinen Weg ein, der rechts hinaufführt; nach etwa 20 m erreicht man den Horberig, hier sind die verschiedenartigsten Gänge aufgeschlossen: Monchiquit, Gauteit, Mondhaldeit, Bergalith, Shonkinit, Tinguait, Essexit usw. Danach fährt man nach Schelingen und erreicht hinter diesem Ort nach 600 m östlich der Kirche die fünf Steinbrüche am Orberg. In dem Steinbruch auf der Höhe der Straße ist ein Koppitkarbonatit-Gang aufgeschlossen, stellenweise auch eine grünliche Intrusivbreccie. Man kann entlang dem Weg nach Westen noch drei andere Steinbrüche besichtigen, aber da steht hauptsächlich kontaktmetamorpher Marmor an. Die frischesten Proben von Koppitkarbonatit findet man in dem Steinbruch, der 100 m oberhalb der anderen liegt und durch einen kleinen Weg zu erreichen ist; er ist von der Straße aus nicht sichtbar. Man fährt zurück über Oberbergen nach Oberrotweil und weiter nach Niederrotweil, wo ein großer Phonolithbruch in der Kuppe des Kirchbergs angelegt ist. Dieses Gestein enthält ziegelrote Hauynkristalle. Der Aufschluß ist von Monchiquitgängen durchzogen; Spalten enthalten Kristalle von schwarzem Melanit, von weißem Apophyllit, Opal und Calcit. Von Niederrotweil fährt man auf einer schmalen Straße, die westlich am Buchsenberg entlang führt, in Richtung Süden. Links der Straße liegt ein großer Steinbruch, dessen Eingang wegen des Bewuchses schlecht zu sehen ist. Es handelt sich um einen großen Anschnitt eines Stratovulkans, wo drei Leucittephrit-Ergüsse mit Tuffen und Breccien gleicher Zusammensetzung abwechseln.

Von Niederrotweil fährt man zurück nach Oberrotweil und dann über Bischoffingen oder über Burkheim nach Jechtingen. Von da aus gelangt man in westlicher Richtung zum Fuß der Burg Sponeck; wendet man sich dann nach Süden auf einem kleinen befahrbaren Weg, der westlich am Berg vorbeiführt, kann man die großen Steinbrüche am Humberg besichtigen, die links des Wegs liegen und in denen ein oder mehrere Stratovulkane aufgeschlossen sind. Im größten Steinbruch, dessen Eingang durch den Bewuchs schlecht zu sehen ist, erkennt man fünf Tephritergüsse, aber auch Essexite. Über Jechtingen und Sasbach fährt man in Richtung Rhein; 400 m hinter dem Ort kann man rechts der Straße einen kleinen Olivinnephelinit-Steinbruch am Lützelberg besichtigen. Diese Lava, die einen Erguß von 1,4 km Länge und 50 m Mächtigkeit bildet, ist übersät von zahlreichen Einschlüssen von gelbem Olivin.

Man erreicht dann den Limberg, der von sieben Steinbrüchen umgeben ist; der größte davon ist von der Straße aus gut sichtbar. Von vorn betrachtet erkennt man von rechts nach links und von unten nach oben folgende Einheiten: ganz rechts einen Zipfel des zweiten Limburgitergusses; dann eine große, auffallend rote Wand von Olivinnephelinit-Breccie, die viele ziemlich gut erhaltene vulkanische Bomben enthält. In der Mitte sieht man an der Basis den zweiten, eingestürzten Limburgiterguß, überlagert von einer dünnen Schicht von Tephrittuffen, einer mächtigen gefältelten Mergel-, Kalk- und Sandsteinmasse des oberen Miozäns, und ganz oben von Löß und Lehm. Links ist ein bedeutender keilförmiger Nepheliniterguß aufgeschlossen, der die Mergel aus dem Miozän auf 1 m metamorphosiert und zu Porzellaniten umgewandelt hat. Die Position des zweiten Limburgitergusses mitten im Steinbruch beweist, daß der Vulkan im mittleren Miozän während der vulkanischen Tätigkeit eingestürzt ist, denn nach der Ablagerung der Mergel hat ein Nepheliniterguß das Ganze noch einmal überdeckt.

Von Wasenweiler nach Achkarren**

15 km lange Rundfahrt
Leicht erreichbar.
Geologisch interessant: Tuffe, Ergüsse, Gänge, Horst, Steinbrüche, Stratovulkane.
Mindestdauer: Drei Stunden.

Von Freiburg im Breisgau fährt man nach Wasenweiler südlich des Kaiserstuhls. Dort bittet man im Pfarrhaus um Erlaubnis, den Aufschluß genau hinter dem Haus besichtigen zu dürfen. Geschichtete Tuffe, die zu den ältesten des Kaiserstuhls gehören und reich an Granit-, Gneis- und Vulkanitbruchstücken sind, werden von Tephritergüssen überlagert und von zahlreichen Gängen durchzogen. Von

Wasenweiler fährt man nach Ihringen; 3 km hinter diesem Dorf, an der Straßengabelung nach Achkarren bzw. Breisach, liegt der Föhrenberg südlich des Kaiserstuhls. Hier sind am oberen Ende eines abschüssigen Weinberges, den ein Zaun gegen die Straße abgrenzt, an einer kleinen Felswand zwei Olivintephrit-Ergüsse aufgeschlossen, denen Breccien und Schlacken zwischengelagert sind. Der Westteil des Aufschlusses wird senkrecht von einem wunderbaren 5 m breiten Essexitgang durchschlagen; Pyroxen- und Olivinkristalle sind hier sehr zahlreich. Will man diesen Aufschluß während der Weinlese besichtigen, kann man Schwierigkeiten mit den Eigentümern bekommen.

Dann fährt man nach Breisach, am nördlichen Fuß des Eckardsbergs, wo ein Phonolithtuff zwischen Olivintephrit-Ergüssen liegt. Ein anderer gleichartiger Aufschluß existierte am Fuß des Münsterbergs, er wurde leider kürzlich vollständig zuzementiert. Die Gegend um Breisach besteht aus zwei Horsten, die einst sieben Hügel bildeten, von denen fünf durch Erosion verschwunden sind. Danach fährt man nach Achkarren; 500 m vor diesem Dorf, am westlichen Fuß des Schloßbergs, liegt ein kleiner Steinbruch, wo eine schöne Wechselfolge von Leucittephrit-Ergüssen und -Tuffen aufgeschlossen ist. Man fährt zurück auf der Straße in Richtung Breisach, und am Bahnhof von Achkarren biegt man in eine schmale Straße in Richtung Norden, die westlich am Buchsenberg entlangführt. Rechts der Straße liegt ein großer Steinbruch, dessen Eingang wegen des Bewuchses kaum erkennbar ist. Hier ist ein Stratovulkan großartig angeschnitten. Drei Leucittephrit-Ergüsse wechsellagern mit Tuffen und Breccien gleicher Zusammensetzung.

Der Hegau

Der Hegau mit seinem höchsten Punkt, dem Hohenhöven (846 m), liegt nordöstlich von Schaffhausen und vom Rhein.

Geographische Lage

Der Vulkankomplex des Hegaus, mit 40 km Länge in Nordsüd-Richtung und 20 km Breite in Ostwest-Richtung, bildet eine kleine Einbruchszone, die von Störungslinien begrenzt wird. Man hat ein Dutzend Vulkane erkannt, die alle am Schnittpunkt zweier Störungssysteme liegen, eines NW-SO-streichenden und eines anderen N-S-streichenden. Dieser gesamte Vulkanismus ist im Jungtertiär, vor allem im Miozän entstanden.

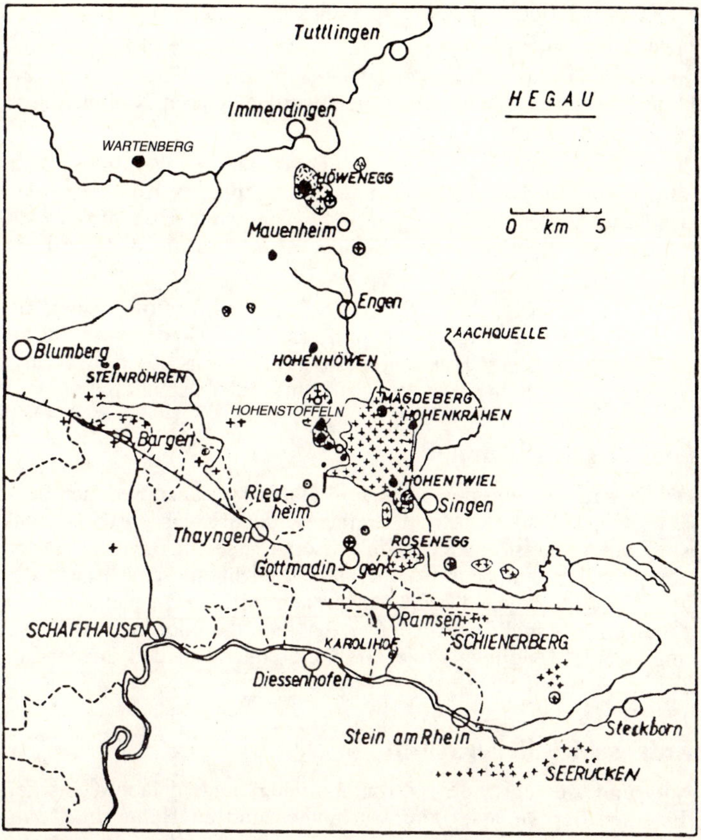

- Deckentuffe, größere vorbasaltische Tuffmassen
- Dünne Tufflagen
- Tuffschlote
- Phonolithe
- Basalt-Tuffe
- Basalte
- Bentonite, schweizerischer Typ
- Bentonite, phonolithisch, aus Hegau-Eruptionen

Abb. 2 Übersichtsskizze des Hegauvulkanismus (aus *Hofmann* [1965]: Schweizer Mineral. Petrogr. Mitt., 45 [1])

Man unterscheidet drei geomorphologische Einheiten:

1) In der Mitte, eine weite Decke von Pyroklastika, die die Hauptmasse des Hegau-Vulkanismus darstellen; man schätzt, daß 10 km^3 Lapilli in diesem Gebiet abgelagert wurden. Dieser Komplex liegt nordwestlich von Singen.

2) Im Osten liegt eine Reihe von Phonolithintrusionen, mehr oder weniger in Nordsüd-Richtung angeordnet, die als Kuppen in der Landschaft erkennbar sind. Die wichtigsten sind: Hohentwiel (689 m), Hohenkrähen (642 m), Mägdeberg (664 m) und Gönnersbohl (508 m).

3) Im Westen liegt eine Reihe von basaltischen Stratovulkanen, die ebenfalls in Nordsüd-Richtung angeordnet sind und deren wichtigste die folgenden sind: Homboll (668 m), Hohenstoffeln (831 m), Hohenhöven (846 m), Hövenegg (812 m) und Wartenberg (843 m).

Geologischer Rahmen

Der Hegau-Vulkanismus hat sich in einem miozänen Sedimentbekken entwickelt, das reich an glimmerhaltigen Kalksandsteinen und Konglomeraten ist, die einer Süßwassermolasse entsprechen. Dieser Komplex liegt auf Kalk- und Tonabfolgen hauptsächlich aus dem Jura. Der Untergrund ist paläozoischen Alters. Die vulkanischen Abfolgen sind mehr oder weniger zwischen die miozänen Abfolgen eingeschaltet. Sediment- und Graniteinschlüsse in den Laven sind häufig.

Erdgeschichtlicher Abriß

Aufgrund geologischer, petrographischer und paläontologischer (Fossilien der Molasse) Untersuchungen und an Hand von K/Ar-Datierungen der Biotite und Sanidine aus den Vulkaniten konnte die Geschichte des Hegaus annähernd rekonstruiert werden.

Man unterteilt die vulkanische Tätigkeit in acht Perioden.

Erste Periode: Um die Mitte des Miozäns führt eine schwache Explosionstätigkeit zur Ablagerung von Mineralen vulkanischen Ursprungs im Gebiet von Bargen nördlich von Schaffhausen. In der Tat enthalten einige rote Mergel einige Prozente dieser Minerale. Leider ist es nicht erwiesen, daß diese vulkanische Tätigkeit im Hegau lag; möglicherweise hat ein heftiger Wind diese pyroklastischen Produkte von einem anderen Vulkan herübergeweht.

Zweite Periode: Zu Beginn des oberen Miozäns setzt eine kurze explosive Tätigkeit ein; es kommt zur Ablagerung von Tuffen und saurem vulkanischem Glas rhyolithischer Zusammensetzung; diese werden dann vom Regen in Lagunen gespült und dort durch Fumarolentätigkeit in Bentonite umgewandelt. Obwohl sich diese Gesteine in der Mitte des Hegaus befinden, ist es sehr wahrscheinlich, daß sie von einem außerhalb des Hegau liegenden Vulkan stammen.

Dritte Periode: Kaum ist die vorige Phase beendet, so beginnt eine sehr stark explosive Tätigkeit aus zahlreichen Schloten; das war vor 14 Millionen Jahren, noch im oberen Miozän, nordwestlich von Singen. Eine 100 m mächtige Schicht von basaltischen Pyroklastika bedeckt die ganze Region. Die Tätigkeit begann im Süden, verlagerte sich allmählich nach Norden und endete.

Vierte Periode: Eine neue kurze explosive Tätigkeit beginnt dann um den Hohenstoffeln herum vor 12,5 Millionen Jahren, also auch noch im oberen Miozän. Explosionsbreccien und Aschen häufen sich um die Ausbruchsstelle herum und wandeln sich teilweise in Bentonite phonolithischer Zusammensetzung um.

Fünfte Periode: Nach einer ziemlich kurzen Ruhephase kommt es zur Intrusion der Phonolithe im Osten des Hegaus; sie stammen aus dem oberen Miozän. Man hat für die südlichen Phonolithe ein Alter von 9,2 bis 9,5 Millionen Jahren und für die nördlichen von 8,5 bis 8,6 Millionen Jahren errechnet. Die vulkanische Tätigkeit scheint sich also in Richtung Norden verlagert zu haben.

Sechste Periode: Gegen Ende des Miozäns manifestiert sich eine neue explosive Tätigkeit im Norden des Hegaus; Hornblendetuffe werden in kleinen Mengen gefördert.

Siebte Periode: Zur gleichen Zeit oder wenig später ereignen sich basaltische Ausbrüche am Hohenstoffeln und am Hövenegg. Es entstehen Tuffe, Lapilli und Melilithitblöcke.

Achte Periode: Vor 6 Millionen Jahren, immer noch im oberen Miozän und gleich nach den vorigen Ausbrüchen, bahnt sich der Melilithit, der „Hegauer Basalt", einen Weg durch dic Molasse, steigt zur Oberfläche und bildet im Westen des Vulkankomplexes Stratovulkane. Wie geomagnetische Untersuchungen in diesem Gebiet zeigen, erreichen viele der Intrusionen nicht die Oberfläche. Die vulkanische Tätigkeit ist damit zu Ende.

Im Pliozän führen tektonische Bewegungen, die schon im Oligozän begonnen haben, zur Absenkung des gesamten Gebietes um 200 m. Während dieser Zeit nehmen die Vulkane durch Erosion ihre heutige Morphologie an.

Beziehungen zu anderen Vulkangebieten

Der Hegau-Vulkanismus steht nicht allein da, er ist ein Teil der allgemeinen vulkanischen Aktivität, die sich im Tertiär im ganzen Alpenvorland manifestiert; man stellt außerdem fest, daß die Vulkane des Hegaus mit dem Kaiserstuhl und den kleinen Melilithitvorkommen in den Vogesen und in Lothringen auf einer NW-SO-gerichteten Linie liegen.

Petrographie – Magmatologie

Basaltische Pyroklastika machen 90 Vol.-% des geförderten Materials aus, der Rest besteht aus Phonolithen, Melilithiten und zwei Bentonitschichten. Bei den Pyroklastika unterscheidet man rote Mergel mit Mineralen vulkanischen Ursprungs, Deckentuffe, Hornblende- und Melilithittuffe. Die roten Mergel enthalten nur einige Prozent Sanidin, Melanit, Apatit und Magnetit. Sie sind im Gebiet um Bargen, nördlich von Schaffhausen, abgelagert worden.

Die Deckentuffe sind braun, gelb oder grau und enthalten: Sanidin, Biotit, Hornblende, Augit, Apatit, Magnetit, etwas Nephelin, Analcim und Leucit. Sie sind durch Calcit, Montmorillonit, Opal und Zeolithe verkittet. Ihre chemische Zusammensetzung ähnelt der des Melilithits. Sie bedecken große Flächen nordwestlich von Singen und in Wangen.

Die Hornblendetuffe sind dunkel und gleichen sehr den Deckentuffen. Sie unterscheiden sich von jenen durch ihren hohen Gehalt an Hornblende, ihre Armut an Biotit und das Fehlen von Sanidin. Es gibt sie nur im nördlichen Hegau, im Gebiet vom Hövenegg.

Die Melilithittuffe, eine Mischung aus Lapilli und Schutt von gerundeten Blöcken, sind dunkel und enthalten: Augit, Olivin, Melilith, Nephelin, Magnetit, Glas, Calcit und Tonminerale. In den Spalten kristallisierten Natrolith, Phillipsit und Magnetit. Die beiden Hauptfundstätten sind der Hohenstoffeln und der Hövenegg.

Die Phonolithe sind hell, porphyrisch mit klaren plattenförmigen Sanidinkristallen und enthalten Körner von Augit, kaolinitisiertem Nosean, stark zersetztem Hauyn und etwas Leucit. Die Matrix enthält die gleichen Minerale und zusätzlich Nephelin, Magnetit, Apatit, Titanit und Zirkon. Die Phonolithe enthalten reichlich seltene Erden: 350 g Uran pro Tonne sowie bemerkenswerte Mengen an Niob und Tantal. Die Spalten im Phonolith sind mit schönen Natrolith- und Analcimkristallen ausgekleidet. Die Phonolithe bilden am Hohentwiel, am Hohenkrähen, am Mägdeberg und am Gönnersbohl schöne Intrusionen.

Die Melilithite sind dunkel und enthalten mit bloßem Auge sichtbare Kristalle von Melilith, Augit und Magnetit, die in einer Matrix gleicher Zusammensetzung mit zusätzlich Olivin und Nephelin schwimmen. Die Stratovulkane des Hohenstoffeln, Hohenhöven und Hövenegg bestehen aus dem gleichen Gestein.

Die Bentonite, umgewandelte vulkanische Gläser, haben entweder eine rhyolithische oder phonolithische Zusammensetzung. Im ersten Fall sind sie weiß und enthalten: Quarz, Sanidin, Oligoklas, Apatit, Zirkon, Rutil und Montmorillonit; sie kommen südlich des Hohenstoffeln und nördlich von Gottmadingen vor. Im zweiten Fall sind sie gräulich und enthalten: Sanidin, Apatit, Titanit, Augit, Montmorillonit; sie sehen brecciös aus und kommen nördlich und südlich des Hohenstoffeln vor.

Die Magmatologie des Hegaus ist wenig bekannt; man nimmt an, daß die Melilithite durch Assimilation von Kalksteinen durch ein Alkaliolivinbasalt-Magma entstanden sind. Während der Entstehung dieses melilithitischen Magmas bilden sich die Phonolithe durch gravitative und komplizierte Differentiationen. Einige alkaliolivinbasaltische Pyroklastika wären also ohne große Veränderung an die Oberfläche gelangt. Geomagnetische Untersuchungen scheinen anzuzeigen, daß die Magmenkammern unter dem Hegau sich in 5 km Tiefe befinden.

Exkursion

Von Gottmadingen nach Immendingen**

70 km lange Rundfahrt
Leicht erreichbar

Geologisch interessant: Deckentuff, Phonolithextrusion, Natrolith, Melilithit, Melilithittuff, Hornblendetuff, Vulkanschlot, Stratovulkan.
Mindestdauer: Ein Tag.

Von Gottmadingen, nordöstlich von Schaffhausen, fährt man in Richtung Rielasingen südlich um das Rosenegg herum. Gegenüber dem kleinen Weiler Hofenacker ist links der Straße ein kleiner Pfad, der zur Südostflanke des Roseneggs führt, dann nach links biegt und zu einem schönen Steinbruch in gelblichem Deckentuff führt, der senkrecht geklüftet und grob geschichtet ist. Der frische Tuff ist bläulich-grau und wird durch Verwitterung gelblich; er ist durch Calcit, Opal und Montmorillonit zementiert. Makroskopisch erkennt man Hornblende und Biotit; häufig sind Einschlüsse von Konglomeraten, Diorit und Syenit. Die Förderstelle dieser Tuffe befindet sich wahrscheinlich unter der Ruine des 1,5 km langen Roseneggs, das sich in Ostwest-Richtung erstreckt.

Von da aus fährt man über Rielasingen nach Singen, am Fuß des berühmten Hohentwiels (Farbbild 1, S. 147), einer Phonolithintrusion, umgeben von Deckentuffen. Man fährt zum Parkplatz beim Hotel hinauf; von da aus nimmt man den Weg zum Schloß. Hinter dem Friedhof steht links der Phonolith an; frisch ist er grau, verwittert ist er braun, und nur die stengeligen Sanidine sind leicht zu erkennen. Er enthält jedoch auch: Magnetit, Augit, kaolinitisierten Nosean und braunen Hauyn. Schöne Gänge von orangegelbem Natrolith in radialfaserigen Aggregaten durchqueren den Phonolith, der auf 9,5 Millionen Jahre datiert wurde.

Von dem wunderbaren Schloß Hohentwiel aus hat man einen schönen Ausblick über das Relief des Hegau.

Man kehrt zurück nach Singen und fährt in Richtung Engen. Vor Mühlhausen ragt links der Hohenkrähen empor, eine schöne Phonolithextrusion. Das Gestein ist grünlich-grau, manchmal braun, oft porphyrisch. Man erkennt klaren Sanidin, rotbraunen Hauyn und schwarzen Augit. Die Proben sind oft von einer feinen Opalkruste überzogen, die im ultravioletten Licht stark fluoresziert. Man findet schöne Blöcke dieses Phonoliths im Geröll des Hohenkrähen am Straßenrand.

Danach fährt man nach Mühlhausen, und in der Dorfmitte folgt man links dem markierten Weg zum „Mägdeberg". Nach 1 km erreicht man den Phonolithfelsen, auf dem das Schloß Mägdeberg steht. Auf dem Weg zur Ruine streicht das Gestein aus; es ist bräunlich und enthält Nosean, als weißliche Punkte erkennbar, kleine stengelige Sanidine und einige Augitkörner. Dieser Phonolith ist 8,6 Millionen Jahre alt. Vom Schloß aus hat man einen schönen Ausblick auf den Hegau; im NW sieht man den Hohenhöven, im Westen den Hohenstoffeln, im Osten und Südosten den Hohenkrähen und den Hohentwiel.

Man kehrt zurück nach Mühlhausen und fährt über Welschingen nach Weiterdingen. Von da aus führt ein Weg hinaus zu dem Stratovulkan Hohenstoffeln. Man gelangt zu einem großen Steinbruch in einem Schlot, in dem säuliger Melilithit ansteht. Das Gestein ist dunkel mit Kristallen von schwarzem Augit, grünlichem Olivin und metallisch glänzendem Melilith. Einschlüsse von Granit, Quarzit und metamorphosiertem Ton sind häufig; die Klüfte sind mit Calcit ausgekleidet.

Man kehrt zurück nach Weiterdingen und fährt über Welschingen und Blumenfeld nach Watterdingen. Auf halbem Weg zwischen diesem Dorf und Leipferdingen liegt rechts von der Straße ein kleiner Steinbruch, in dem gelblicher Melilithittuff ansteht, der reich an Augit-, Olivin- und Melilithkristallen ist, die in einem gelben Glas schwimmen, und der durch Calcit und Montmorillonit zementiert ist. Das Gestein hat ein pfefferähnliches Aussehen, denn es enthält dunkle Lavakörnchen in Fülle, aber auch Kalk- und Mergelsteineinschlüsse aus dem Miozän.

Man kehrt zurück nach Watterdingen und fährt über Engen im Osten und dann über Bargen nach Mauenheim. Nördlich von Mauenheim, an der Straße nach Immendingen, ist in der Daxmühle der Hornblendetuff auf der linken Seite hinter einem Gebäude schön aufgeschlossen. Er fällt auf durch seinen hohen Gehalt an Kalkstein und Schieferblöcken aus dem Jura sowie an Mergelsteinen und Sandsteinen aus dem Trias. Spuren thermischer Einwirkungen zeigen diese Einschlüsse nicht. Aus der Tatsache, daß es keinen Einschluß aus dem tiefen Untergrund gibt, kann man schließen, daß die Magmenkammer relativ oberflächennah war. Der Tuff ist bräunlich, Hornblende ist der Hauptgemengteil, aber auch Augit, etwas Diopsid und Quarz kommen vor, Sanidin jedoch überhaupt nicht; der Zement besteht aus Calcit, Montmorillonit und Zeolithen. Der Vulkanschlot befand sich sehr wahrscheinlich in der Nähe der Daxmühle, da die Sedimenteinschlüsse dort groß sind; außerdem hat man dort die stärkste magnetische Anomalie des Hegaus festgestellt.

Man fährt in Richtung Immendingen weiter und biegt nach 1,5 km links ab zum Weiler Gundelhof. Dort ist der Betriebshof der Firma, die den Steinbruch im Stratovulkan Höwenegg betreibt. Man folgt dem breiten Weg in Richtung Süden, der zum Steinbruch führt; beiderseits des Weges stehen chaotische, teilweise geschichtete Tuffe an, die reich an Sedimenteinschlüssen sind; entlang des Weges werden sie feiner und weisen alle Eigenschaften eines Melilithittuffs auf. Der Steinbruch ist riesig. Der mächtige Melilithitschlot mit vielerorts säulig ausgebildetem Gestein ist durch den Abbau schon stark angeschnitten. Das Gestein ist dunkel und reich an Olivin-, Augit- und Melilithkristallen; rund um die Kalksteineinschlüsse nimmt der Gehalt an Melilith stark zu. Die Klüfte sind reichlich mineralisiert; man findet dort Natrolith, Phillipsit, Calcit und Magnetit. Der Stratovulkan hat sich vor 6 Millionen Jahren gebildet (Farbbild 2, S. 147).

Von da aus kehrt man zurück zur Hauptstraße nach Immendingen.

Die Schwäbische Alb

Der sehr eigenartige Vulkanismus der Schwäbischen Alb liegt südöstlich von Stuttgart.

Geographische Lage

Im Umkreis von 25 km um Urach herum durchlöchern mehr als 300 embryonale Vulkane in wahlloser Anordnung die Erdoberfläche. Es handelt sich um Vulkanschlote, um Diatreme, die plötzlich im Miozän ein jurassisches Kalkplateau mit gewaltiger Kraft durchschlagen haben. Diese Schlote sind mit basaltischen Eruptionsprodukten und Sedimentgesteinsbruchstücken verstopft. Man unterscheidet zwei Formen dieser embryonalen Vulkane:

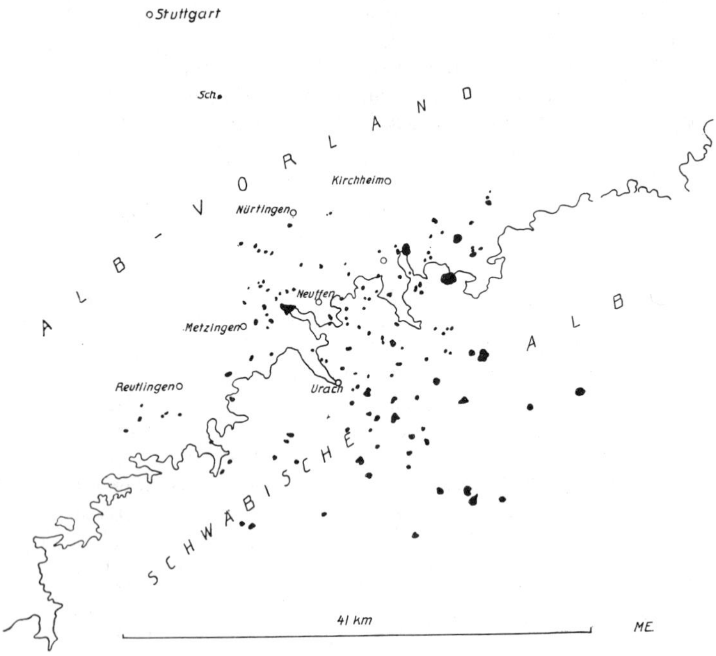

Abb. 3 Die Lage der schwäbischen Tuffschlote (schwarz) zum Albrand (aus *Cloos, H.* [1941]: Bau und Tätigkeit von Tuffschloten. – Geol. Rundsch., 32 [6–8])

1) Auf dem eigentlichen Kalkplateau im Südosten treten die Vulkane in Form von Senken, Maaren und Diatremen auf, die ziemlich trockene Kalke durchdringen. Da sie mit Wasser gefüllt sind, haben die Menschen dort Dörfer gebaut, wie Engstingen, Hengen und Wittlingen.

2) Im Vorland hingegen, in Richtung Nord-West, ragen die Schlote über dem Nebengestein hinaus; Calverbühl ist ein schönes Beispiel dafür.

Heute noch ist der geothermische Gradient im Gebiet von Urach hoch; er liegt zwischen 11 und 18 m pro Grad. Es gibt unzählige Thermalquellen.

Geologischer Rahmen

Die zahlreichen Einschlüsse von Kalk, Ton, pisolithischem Eisenerz und von seltenen Granitbruchstücken in den Schloten lassen die Zusammensetzung des Untergrunds erkennen. Die Vulkanbauten durchdringen sedimentäre Abfolgen der Trias und des Jura, die auf einem Granitsockel liegen. Seesedimente sind vom oberen Miozän an in den Maaren abgelagert worden.

Erdgeschichtlicher Abriß

Eine K/Ar-Datierung eines Biotits vom Schlot von Bürzlen hat 20,4 Millionen Jahre ergeben; das entspricht dem unteren Miozän. Andererseits gehört die Süßwasserfauna der Maare in das mittlere Miozän. Man nimmt daher an, daß die explosive Tätigkeit auf der Schwäbischen Alb sich während des unteren und mittleren Miozäns über einen Zeitraum von ungefähr 6 Millionen Jahren abgespielt hat. Die Chronologie der Ereignisse ist bis heute nicht im Detail geklärt, dafür aber kennt man den Entstehungsmechanismus der Vulkanschlote.

Zunächst sammeln sich unter sehr starkem Druck Gase im Untergrund. Dann beginnt plötzlich die Tätigkeit mit einer explosiven Phase, die in einer Schwächezone der Erdkruste die Gesteine sprengt. Sie setzt sich in einer zweiten Phase fort, während der der Schlotinhalt in einem austretenden Gasstrom auf und ab tanzt. Ein Verflüssigungsprozeß setzt ein; die pyroklastischen Produkte werden derart heftig durcheinandergewirbelt, daß sie die Eigenschaften einer Flüssigkeit annehmen, deren Partikel sich leicht bewegen und sortieren lassen. Es erfolgt eine Schichtung der Pyroklastite, wobei die Partikel durch Reibung an den Schlotwänden entsprechend geformt werden. Später werden die gesamten basaltischen Tuffe durch hydrothermale Tätigkeit verkittet. Manchmal durchzieht eine Melilithitader den Schlot.

Beziehungen zu anderen Vulkangebieten

Der Vulkanismus der Schwäbischen Alb gehört zu der vulkanischen Tätigkeit, die sich während des ganzen Tertiärs im gesamten Alpenvorland ereignete. In dieser Hinsicht sowie aus petrographischen Gründen steht er dem Hegau-Vulkanismus nahe.

Petrographie – Magmatologie

Wie im Hegau so machen auch auf der Schwäbischen Alb basaltische Pyroklastika 90% des geförderten Materials aus, der Rest besteht aus Melilithiten.

Die pyroklastischen Produkte sind braun, gelb oder grau; sie enthalten Augit, Hornblende, Olivin, Magnetit, Biotit und Apatit; diese Kristalle sind durch Montmorillonit, Calcit und Zeolithe verkittet. Ihre chemische Zusammensetzung ähnelt der der Melilithite; man findet sie in den meisten Schloten der Schwäbischen Alb.

Die Melithite sind dunkel und enthalten mit bloßem Auge sichtbare Kristalle von Melilith, Augit und Magnetit, die in einer Matrix gleicher Zusammensetzung mit zusätzlich etwas Olivin, Nephelin und Nosean schwimmen; das letztgenannte Mineral findet sich nicht in dem Melilithit des Hegaus. Ein schöner Aufschluß dieser Gesteine befindet sich am Jusi.

Magmatologisch gesehen sind die Melilithite wahrscheinlich das Ergebnis der Assimilation von Kalken durch ein Alkaliolivinbasaltmagma. Dabei kam es zu einem Überschuß an Kohlendioxid und dadurch zu einem hohen Gasdruck im melilithitischen Magma, was zur Explosion und zum Durchbruch durch die überlagernden Sedimente führte.

Die Magmenkammern müssen relativ oberflächennah liegen, wahrscheinlich an der Grenze zwischen dem Grundgebirge und den überlagernden Sedimenten, etwa 800 bis 1050 m tief. Geomagnetische Messungen, der hohe geothermische Gradient und die Seltenheit von Grundgebirgseinschlüssen in den Schloten scheinen dies zu beweisen.

Exkursion

Von Urach nach Dettingen a. d. Erms*

35 km lange Rundreise
Leicht erreichbar
Geologisch interessant: Schlote, Tuffe, Einschlüsse, Melilithit.
Mindestdauer: Ein halber Tag.

Von Urach fährt man nach Hülben und dann in Richtung Neuffen; hinter der Abzweigung nach Grabenstetten, wo die Straße nach Neuffen hinabsteigt, liegt rechts ein großer Steinbruch in jurassischem Kalkstein. Am Eingang links erkennt man einen schönen Tuffschlot mit Augit, Biotit sowie zahlreichen Einschlüssen von jurassischen Sedimenten; der Kontakt mit dem massigen Kalk ist sehr gut aufgeschlossen. Man erkennt, daß die Tuffe mit großer Gewalt in den Kalk geblasen wurden, wobei die Temperatur relativ gering war, denn es gibt keine eigentliche Kontaktmetamorphose (Farbbild 3, S. 148).

Von Neuffen aus fährt man nach Beuren und von da aus in Richtung Owen; an der Abzweigung nach Erkenbrechtsweiler liegt rechts der Straße ein kleiner Steinbruch in einem Tuffschlot, der den jurassischen Kalk durchschlagen hat. Der Tuff ist reich an verwittertem Olivin, an Hornblende, Augit und Biotit. An Fremdgesteinseinschlüssen findet man vor allem kleine Stücke von jurassischem Kalkstein und einige triassische Sandsteine.

Von da aus fährt man in Richtung Owen, und gerade vor dem Ortseingang dieser Stadt, rechts hinter den Betrieben von Leuze Electronic und Tscheulin, folgt man in südwestlicher Richtung dem für den Verkehr gesperrten Weg zum Bölle. Nach ein paar hundert Metern erhebt sich in den Feldern etwa 150 m links des Hauptwegs ein kleiner Hügel mit einem Gartenhäuschen; am Gipfel wurde in einem tiefen Steinbruch ein 30 m langer und 6 m breiter Melilithitgang abgebaut, der noch gut sichtbar ist; in dem graublauen Gestein erkennt man Augit, Olivin und weiße Punkte, bei denen es sich um Zeolithe handelt. Dieser Gang wird von Tuff gleicher Zusammensetzung umgeben, der reich an Einschlüssen von weißem jurassischem Kalkstein ist. Sie sind oft von einem Reaktionssaum von Zeolith umgeben.

Man fährt zurück nach Neuffen und weiter nach Kohlberg; genau am Ortsausgang dieses Dorfes in Richtung Kappishäusern kommt man an dem kahlen Hügel des Jusi vorbei, dem schönsten vulkanischen Aufschluß der Schwäbischen Alb. An dem kleinen Parkplatz links der Straße geben zwei Tafeln einen Überblick über alle geologischen

Einzelheiten des Jusi. Genau über dieser Stelle erblickt man den dunklen Tuff, der in jurassische Kalksteinblöcke eingedrungen ist. Danach folgt man dem Weg, der durch ein blaues Dreieck markiert ist und vom Strömfeldweg – schon zwischen den ersten Häusern von Kappishäusern, 200 m vom Parkplatz entfernt – ausgeht. Im Wald oben auf dem Berg stehen in einem kleinen Steinbruch weißliche, oft stark zeolithisierte Tuffe an, die von einem dunklen Melilithitgang durchquert werden.

Man fährt durch Kappishäusern nach Dettingen a. d. Erms; hinter der Fabrik mit dem großen Kamin im Zentrum dieser Stadt, führt ein kleiner Weg nach Südwesten zum Calverbühl, einer kleinen Pyramide am Hang des Roßbergs, die von einem Lindenbaum gekrönt ist. Es handelt sich um einen Tuffschlot, der aus jurassischen Sedimenten herausragt, im Gegensatz zu den vorangegangenen Aufschlüssen, wo die Vulkanbauten Senken bildeten. Der Tuff besteht hauptsächlich aus Olivin, der unzählige Pisolithe bildet; bei den Einschlüssen überwiegen jurassische Kalke und Tone.

Die Westeifel (Farbbild 4, S. 148)

Die Westeifel entspricht grob gesehen der Umgebung von Daun; ihr höchster Punkt ist 700 m hoch.

Geographische Lage

Das Gebiet des West-Eifel-Vulkanismus hat eine Länge von 50 km von Nord-West nach Süd-Ost zwischen Ormont und Bad Bertrich, und eine Breite von 20 km von Nord-Ost nach Süd-West. Zwei Spaltensysteme, eines Nordwest–Südost, das andere Nord-Süd streichend, durchqueren das Gebiet.

Man unterscheidet zwei geomorphologische Einheiten:

1) Im Nordwesten eine starke Konzentration von tephritischen und basanitischen Stratovulkanen zwischen Daun, Gerolstein, Steffeln, Hillesheim und Dreis.

2) Im Südosten die Zone der Maare mit einigen Stratovulkanen. Die Maare sind mehr oder weniger runde Senken mit mehreren hundert Metern Durchmesser und einigen Dutzend Metern Tiefe, die oft mit Wasser gefüllt sind; sie sind durch heftige Gasausbrüche mit oder ohne gleichzeitige Förderung vulkanischer Aschen entstanden.

Dazu gehören im Gebiet von Daun das Gemündener, das Weinfelder und das Schalkenmehrener Maar; im Gebiet von Gillenfeld das

Pulver-Maar, das Ellscheider Maar, das Immerather Maar, die Maare von Oberwinkel und Trautzberg, das Sprinker Maar, das Strohner Maar, das Holzer Maar, das Dürresmaar und das Hitsche Maar; im Gebiet von Ulmen das gleichnamige Maar. In all diesen typischen Maaren entspricht das Volumen der ausgeworfenen Gesteine dem Volumen der verursachten Einsenkung. Im Gegensatz dazu war bei einigen kreisrunden Senken mit flachem Boden, wie bei dem Mosbrucher Maar, dem Dreiser Weiher und dem Meerfelder

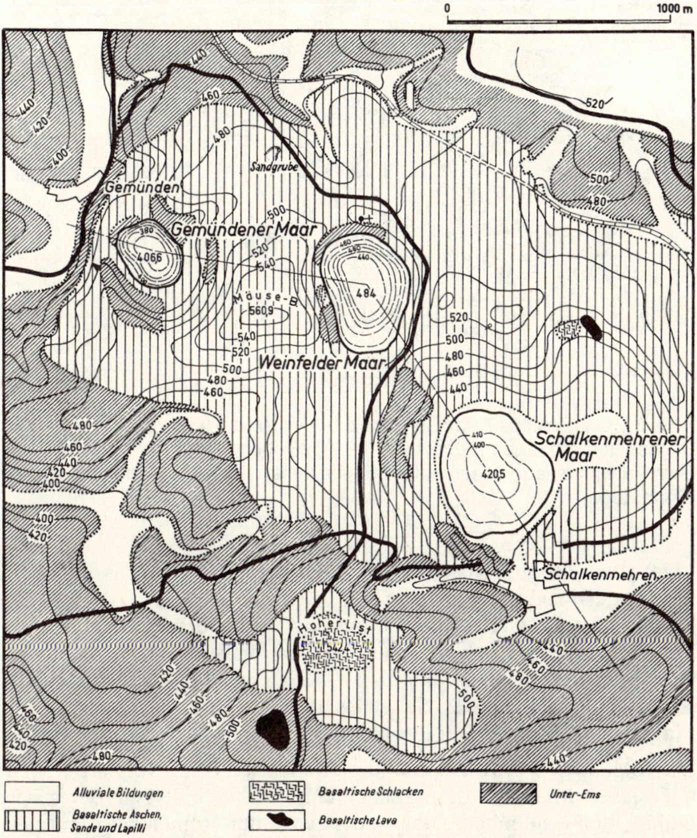

Abb. 4 Geologische Karte der Maare um Daun (nach *Schulte, L.* [1893]: Verh. Naturhist. Ver. preuß. Rheinl. Westf. 48; aus *Frechen, J.* [1976]: Siebengebirge am Rhein – Laacher Vulkangebiet – Maargebiet der Westeifel. – 3. Aufl., Berlin, Stuttgart [Borntraeger])

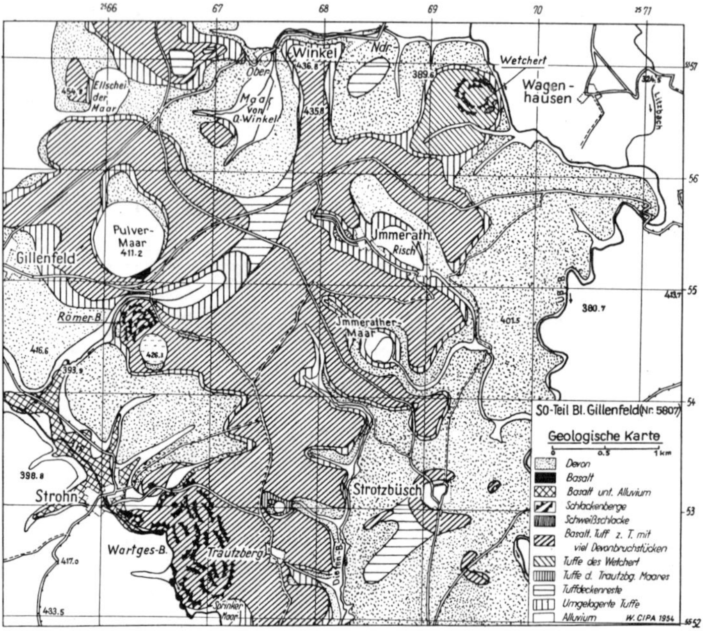

Abb. 5 Geologische Karte der Maare um Gillenfeld (nach *Cipa, W.* [1956]: Decheniana, 109; aus *Frechen, J.* [1976]: Siebengebirge am Rhein – Laacher Vulkangebiet – Maargebiet der Westeifel. – 3. Aufl., Berlin, Stuttgart [Borntraeger])

Maar (dem größten Maar der Eifel, 1480 mal 1200 m), das Volumen der Förder-Produkte gering im Vergleich zur Größe der Absenkung. Man erklärt diese Absenkung durch das Vorhandensein einer leeren Magmenkammer eines erloschenen Stratovulkans. Zuletzt gibt es auch wirkliche vulkanotektonische Senkungen, wie die tief eingeschnittenen Täler in der Nähe des Hohen List. Die Mehrzahl der Maare ist in Talmulden entstanden.

Die folgenden tephritischen und basanitischen Stratovulkane stehen mit diesen Maaren in Zusammenhang: Im Gebiet von Dreis der Döhm, der Kahlenberg, der Radersberg, der Reinersberg und der Eselberg mit dem Erguß von Dockweiler; im Gebiet von Daun die Vulkane Hardt, Hoher List und Altburg; bei Meerfeld der Mosenberg und der Erguß vom Horngraben; bei Gillenfeld der Wartgesberg und bei Mosbruch der Hochkelberg.

Das Vorhandensein zahlreicher Thermalquellen zeigt sich u. a. in dem Wort „Bad“ in vielen Ortsnamen.

Geologischer Rahmen

Die Wälle von ausgeworfenen Gesteinen um einige Maare beweisen eindeutig, daß der Sockel aus Sedimentabfolgen des Devon und aus einigen Kalken und Sandsteinen der Trias besteht.

Erdgeschichtlicher Abriß

Durch Pollen- und C^{14}-Datierungen sowie tephrochronologische Untersuchungen war eine – wenn auch ziemlich dürftige – Rekonstruktion der Geschichte der Westeifel möglich.

Man unterteilt die vulkanische Tätigkeit in zwei Perioden.

Erste Periode: Sie beginnt vor 400 000 Jahren während der 1. Vereisung der Günzeiszeit und endet vor 12 000 Jahren während der 3. Vereisung der Würmeiszeit. Die Tätigkeit beginnt mit der Entstehung zahlreicher Stratovulkane im Nordwesten des Vulkangebietes; diese Aktivität erstreckt sich über die gesamte erste Periode und setzt sich sogar bis in die zweite Periode fort.

Wenn auch die nordwestlichen Stratovulkane die bekanntesten sind, so sind doch noch andere im Südosten in der Zeit vor 60 000 Jahren (erste Vereisung der Würmeiszeit) bis vor 12 000 Jahren (zweite Vereisung der Würmeiszeit) entstanden; die Tätigkeit dieser südöstlichen Vulkane setzt sich nicht bis in die zweite Periode fort.

Zweite Periode: Sie beginnt vor 12 000 Jahren und endet vor knapp 10 000 Jahren. Während sich die Tätigkeit der Stratovulkane im Nordwesten vor 12 000 Jahren noch fortsetzte, kam es bei einer außergewöhnlichen Aktivität zur Bildung der zahlreichen Maare der Westeifel durch Freisetzung vulkanischer Energie, ohne daß das basaltische Magma die Oberfläche erreichte. So entstanden vor 12 500 Jahren das Dürresmaar und das Holzmaar, vor weniger als 11 000 Jahren das Schalkenmehrener, das Mosbrucher und Meerfelder Maar, vor 11 000 bis 10 500 Jahren das Gemündener und das Weinfelder Maar, und zuletzt vor 10 500 bis 10 000 Jahren das Strohner Maar und das Pulvermaar. Um die gleiche Zeit entstanden auch die vulkanotektonischen Senken. Danach hörte die Tätigkeit endgültig auf.

Petrographie – Magmatologie

Man unterscheidet Basalttuffe, Tephrite und Basanite. Die Basalttuffe sind dunkel, reich an Olivin, Augit, Hornblende, Phlogopit,

Plagioklas, Sanidin, Skapolith, Spinell, Magnetit, Apatit, Titanit und Hauyn; sie enthalten Einschlüsse von Gabbro, Hornblendit, Peridotit, Nephelinit und kristallinen Schiefern. Diese Zusammensetzung entspricht den Tuffen vom Dreiser Weiher, ist aber überall in der West-Eifel anzutreffen, sowohl um die Maare als auch bei den Stratovulkanen.

Die Tephrite und Basanite sind dunkel, reich an Olivin, Augit, Melilith, Hauyn, Leucit, Nephelin, Magnetit und Apatit. Man findet sie im ganzen Gebiet, aber vor allem bei den Stratovulkanen in Form von Ergüssen.

Die Magmatologie erscheint einfach: Aus einem Alkaliolivinbasalt sind durch gravitative und pneumatolytische Differentiation Tephrite und Basanite hervorgegangen.

Exkursion

Von Birresborn nach Mosbruch***

Rundfahrt von 130 km.
Leicht erreichbar.
Geologisch interessant: Basaltstrom, Maare, Stratovulkane, Basanit, Nephelinit.
Mindestdauer: Ein Tag.

Von Birresborn südwestlich von Gerolstein fährt man nach Norden in Richtung Lissingen. Hinter dem kleinen Mineralquellenbetrieb biegt man links ab zu den Steinbrüchen des Kirner Hartsteinwerks, die in Betrieb sind; in einem schönen Profil ist hier ein Basaniterguß von dem Stratovulkan Kalem aufgeschlossen, von dem zwei Lavaergüsse ausgingen: einer in Richtung Osten, der andere in Richtung Westen. Die Basaltsäulen sind unten und oben dick, in der Mitte fein und oft garbenförmig geordnet. Der Basanit ist dunkel, er ist reich an Pyroxenkristallen und enthält grüne glasige Massen von geschmolzenem Quarzit aus dem Devon sowie schöne Calcitkristalle. Am Gipfel des Kalem ist eine Tuffgrube in den pyroklastischen Produkten des Vulkans angelegt. Es sei darauf hingewiesen, daß das Dorf Eigelbach im Westen in einem schlecht erhaltenen trichterförmigen Maar liegt.

Von Birresborn fährt man über Gerolstein nach Daun. Da folgt man dem Wegweiser „zu den Maaren“ (Farbbilder 6, 7, S. 149) und fährt zuerst hinauf zum Gemündener Maar, welches 675 m lang, 560 m breit und 53 bis 154 m tief ist; es liegt in einem Wald und wird teilweise von einem See ausgefüllt, dessen Wasserspiegel 406 m hoch liegt. Hinter dem Parkplatz stehen Tuffe an, die reich an Blöcken sind, die während der explosiven Tätigkeit des Maars gefördert worden sind.

Man fährt wieder zurück ins Tal und dann auf die Anhöhe zwischen dem Weinfelder und dem Schalkenmehrener Maar hinauf; vor der Kapelle links an der Straße sind in der Grube Mertens Tuffe aufgeschlossen, die wahrscheinlich vom Gemündener Maar stammen. Man erkennt mehrere Lagen, die reichlich große Sedimentblöcke aus dem Devon, Bomben mit viel Pyroxen, Hornblende und Biotit sowie vulkanische Breccien mit vielen Grundgebirgselementen enthalten. Diese Lagen wechseln mit feineren Schichten ab, die die gleichen Gesteine in Form kleiner Körner enthalten. Daraus kann man schließen, daß das Maar nicht durch eine einzige Explosion entstanden ist, sondern daß die Tätigkeit wahrscheinlich eine gewisse Zeit andauerte. Jede Eruptionsphase scheint zunächst am Anfang schwach, dann stark und schließlich wieder schwach gewesen zu sein.

Von der Anhöhe aus hat man eine wundervolle Aussicht über das Weinfelder Maar rechts; es ist 625 m lang, 575 m breit und 67 bis 87 m tief und wird von einem 484 m hoch gelegenen See ausgefüllt. Auch vom Mäuseberg im Westen, der zum größten Teil aus Schweißschlacken besteht, hat man eine schöne Aussicht über dieses Maar. Neben der anderen Straßenseite liegt weiter unten das Schalkenmehrener Maar, das in Wirklichkeit ein Doppelmaar ist; zuerst ist das östliche ziemlich kleine Maar entstanden, dann das westliche, größere, mit dessen Förderprodukten das erste zugeschüttet wurde; heute ist es ein Torfmoor. Das westliche Maar ist 920 m lang, 880 m breit, 51 bis 105 m tief; der See, der sich darin befindet, liegt auf 420 m Höhe. Alle Maare im Gebiet von Daun haben sich vor ca. 10 000 Jahren in folgender Reihenfolge gebildet:

- der östliche Teil des Schalkenmehrener Maars;
- der westliche Teil des Schalkenmehrener Maars;
- das Gemündener Maar;
- das Weinfelder Maar.

Sie sind von etwas älteren Stratovulkanen wie Hardt, Hoher List und Altburg umgeben.

Von der Anhöhe zwischen den Maaren aus fährt man weiter in Richtung Eckfeld; die Straße führt zwischen den Stratovulkanen Hoher List (mit einem Steinbruch) und Altburg hindurch. Von Eckfeld fährt man in Richtung Bettenfeld über Manderscheid, und vor Bettenfeld biegt man links ab und hält auf der alten Straße von Bettenfeld nach Manderscheid. Hier ist ein ganzer Komplex von Zeugnissen des Vulkanismus, deren Besichtigung lohnenswert ist. Im Nordosten liegt der kleine Krater des Stratovulkans Hinkel, der bis 1840 mit Wasser gefüllt war und heute mit Wiesen bedeckt ist. Er ist von der Nordseite der alten Straße aus gut sichtbar; südlich dieser

Straße stehen gut geschichtete Lapilli und Schlacken an, die zu dem Krater Windsborn gehören, den man leicht erreicht, wenn man dem Weg folgt, der mit einem schwarzen V auf weißem Grund markiert ist („Freunde der Eifel"). An dem großen Kreuz kann man den Krater, der zum Teil von einem See eingenommen wird und dessen Wände hauptsächlich aus Schweißschlacken bestehen, ganz überblikken (Farbbild 4, S. 148).

Der Weg führt weiter zum Stratovulkan Mosenberg, der im Südosten einen hufeisenförmigen Krater hat, und aus dem sich ein Lavastrom in den Horngraben ergossen hat. Man fährt zurück auf die Hauptstraße und weiter nach Bettenfeld, wo mehrere Wege rechts nach Norden führen; von dort hat man eine gute Aussicht über das Meerfelder Maar, das größte der Westeifel mit 1480 m Länge, 1200 Breite und 113 bis 212 m Tiefe; im Norden wird es von einem See eingenommen, dessen Wasserspiegel 334 m hoch liegt. Die von diesem Maar geförderten Tuffe erreichen 10 m Mächtigkeit bei Deudesfeld; sie sind reich an Schiefern aus dem Devon und an bunten Sandsteinen.

Die vulkanische Tätigkeit dieses Gebiets begann im Südosten am Mosenberg und verlagerte sich allmählich nach Nordwesten über Windsborn und Hinkel zum Meerfelder Maar.

Von Bettenfeld fährt man zurück nach Manderscheid und Eckfeld und dann in Richtung Gillenfeld. Auf halbem Wege zwischen diesen beiden Ortschaften liegen auf der linken Straßenseite das mit Wasser gefüllte Holzmaar und das Dürresmaar, das zu einem Torfmoor wurde. Gillenfeld liegt in dem 300 m breiten Alftal, dessen Boden eben ist; das Tal wird im Süden bei Strohn von der Vulkangruppe des Wartgesbergs und von einem Lavastrom, der in Richtung Nordwest geflossen ist, abgesperrt. In Gillenfeld ist der Weg zum Pulvermaar ausgeschildert. Danach folgt man der Straße, die nördlich um das Pulvermaar herumgeht; vom Maarhof aus hat man eine gute Aussicht über das Maar, das 900 m lang, 800 m breit und 120 m tief ist; es wird von einem See ausgefüllt, dessen Wasserspiegel 411 m hoch liegt. Da es von Wald umgeben ist, ist die geologische Beobachtung schwierig. Die Maarwände sind in devonische Sedimente eingeschnitten, die von 10 m Tuff überlagert sind. Man kann mit dem Auto bis zum See hinunter fahren.

Man fährt am oberen Rand um das Pulvermaar herum und dann im Süden zwischen diesem und dem Römerberg hindurch; rechts liegt eine in Betrieb befindliche Grube, in der geschichtete Tuffe vom Pulvermaar aufgeschlossen sind. Man findet zahlreiche Einschlüsse: devonische Sedimente, basaltische Bomben, reich an großen Olivin-,

Hornblende- und Augitkristallen, Stücke von Melilithnephelinit mit Olivin, Augit, Nephelin, Hauyn und Magnetit und schließlich Eruptionsbreccien mit Grundgebirgselementen.

Von der Grube aus fährt man auf der Straße in Richtung Osten, und nach ungefähr 100 m biegt man nach rechts zum Stratovulkan Römerberg ab; dieser ist im Norden von einer Grube angeschnitten, in der Tuffe vom Strohner Maar, das man auch Dürresmaar nennt, abgebaut werden; man gelangt zu diesem Maar, indem man in östlicher Richtung um den Römerberg herumgeht. Das Maar ist 210 m lang und 140 m breit, es ist eine schöne von Feldern umgebene Mulde, deren Boden von einem Torfmoor eingenommen wird. Im Süden sieht man den Wartgesberg, der von Steinbrüchen zerfurcht ist.

Man begibt sich zurück auf die Hauptstraße, und an der östlich gelegenen Kreuzung fährt man in Richtung Strotzbüsch; links liegt das Immerather Maar, das man am nördlichen Rand von einem kleinen Feldweg aus gut überblicken kann. In einer Rechtskurve der Hauptstraße liegt ein Steinbruch, in dem die Tuffe, die von diesem Vulkan gefördert worden sind, anstehen.

Man fährt weiter nach Strotzbüsch und dann in Richtung Strohn; hinter Trautzberg sind in der Nähe des gleichnamigen Maars auf beiden Seiten der Straße schön geschichtete Aschenablagerungen aufgeschlossen, in denen einzelne olivinreiche basaltische Bomben vorkommen, die man leicht sammeln kann. Durch Fumarolentätigkeit ist die Abfolge rot und gelb gefärbt. Etwas weiter liegt auf der linken Straßenseite ein schöner Steinbruch im Stratovulkan Wartgesberg; hier sind Schweißschlacken aufgeschlossen; besonders interessant ist eine riesige spindelförmige Bombe von mehreren m^3 Größe, die freigelegt ist und mitten im Abbaubetrieb steht (Farbbild 5, S. 149). An der Westflanke des Wartgesberges herrscht ein reger Abbaubetrieb in den Steinbrüchen. Die Steinbruchwände sind in den Stratovulkan geschnitten, der reich an schönen Basanitbomben mit Olivinkristallen ist. Es sei darauf hingewiesen, daß der Wartgesberg im Süden durch das Sprinker Maar glatt abgeschnitten ist.

Man fährt zurück nach Strotzbüsch und dann in Richtung Daun; in der Höhe des Pulvermaars erkennt man rechts der Straße eine landwirtschaftlich genutzte Senke: Das Maar von Oberwinkel, und dann links das gleiche wieder: Das Ellscheider Maar.

Vor Mehren fährt man auf die Autobahn in Richtung Koblenz und verläßt sie nach 10 km an der Ausfahrt Ulmen; im südlichen Teil dieser Stadt befindet sich das gleichnamige Maar, das die devonischen Grauwacken und Schiefer glatt durchschlagen hat. Das Ulmener Maar ist 520 m lang, 350 m breit, etwa 50 m tief und wird von einem See eingenommen; die Tuffwand erreicht entlang der Straße nach Westen 10 m Mächtigkeit.

Vor Ulmen fährt man über Berenbach nach Horperath und dann in Richtung Mosbruch; vor Mosbruch fährt man links am Mosbrucher Maar vorbei, das 1400 m lang und 1050 m breit ist und dessen Boden von Bäumen bewachsen ist. Bei der Bildung dieses Maars wurde nur wenig Tuff gefördert; die Senke ist wahrscheinlich durch einen Einbruch entstanden.

Die Osteifel

Die um den Laacher See liegende Osteifel hat ihren höchsten Punkt am Hochsimmer (587 m), der nordöstlich von Mayen liegt.

Geographische Lage

Der Vulkankomplex der Osteifel ist von Ost nach West 35 km lang und von Nord nach Süd 25 km breit. Er wird im Nord-Osten vom Rhein, im Nord-Westen vom Brohltal, im Süd-Osten von Mayen, Ochtendung und Winningen, und im Süd-Westen vom Nettetal begrenzt.
Es ist schwierig, geomorphologische Einheiten zu unterscheiden, weil die Stratovulkane, die basaltischen Lavaergüsse, die Phonolithkuppen und die Bimssteindecken sich nicht voneinander trennen lassen.

Man zählt im Gebiet etwa fünfzig Vulkane, die alle im Quartär entstanden sind. Dieser Vulkanismus liegt in einer Einbruchszone mit zwei Hauptstörungsrichtungen: eine in Nordwest–Südost- und eine in Nordost–Südwest-Richtung. Letzte Zeugen des Vulkanismus sind noch Kohlendioxidaustritte nördlich von Wehr in Welschwiesenmühle und in Alte Burg am Rand des Laacher Sees. Im Brohltal treten aus einigen Bohrungen drei bis vier Kilogramm Kohlendioxid in vierundzwanzig Stunden aus; man schätzt die Kohlendioxidaustritte in der Eifel auf 200 Tonnen pro Tag. Ihr Vorhandensein scheint die Existenz von ca. 400° C heißen Magmakammern zu beweisen.

Die vulkanischen Gesteine der Eifel werden als Baumaterial intensiv abgebaut. Dadurch sind die einmaligen vulkanologischen Sehenswürdigkeiten dieses Gebiets bedroht.

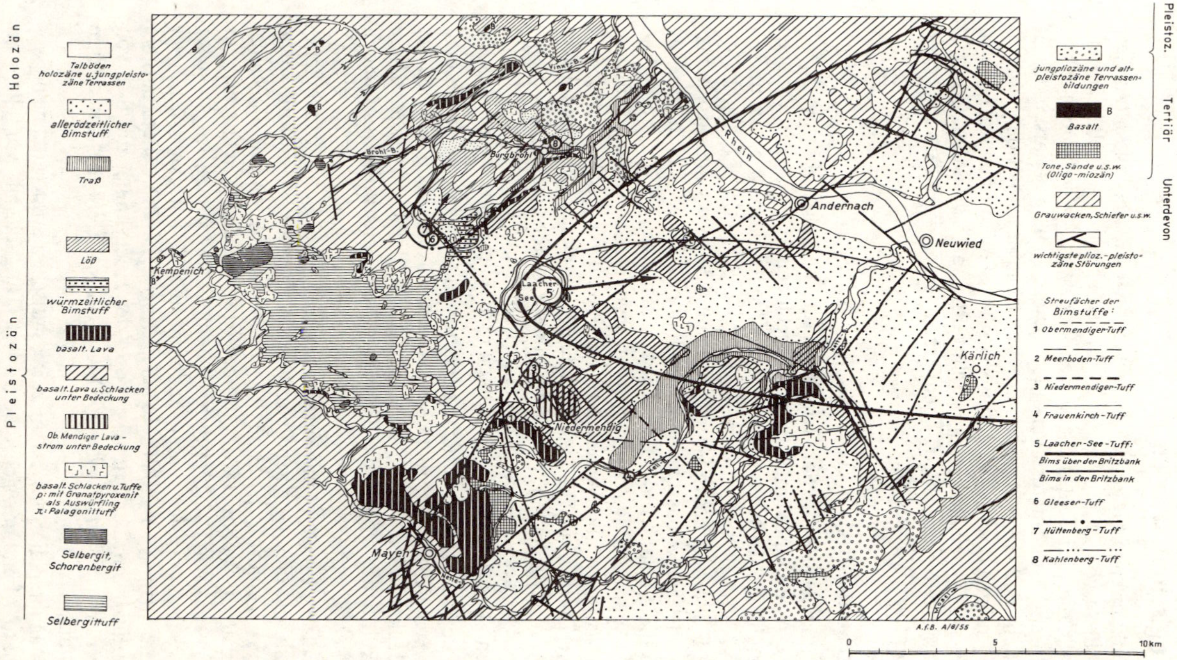

Abb. 6 Geologische Kartenskizze des Laacher-See-Gebiets (von *Ahrens, W.* und *Frechen, J.*; aus *Frechen, J.* [1976]: Siebengebirge am Rhein – Laacher Vulkangebiet – Maargebiet der Westeifel. – 3. Aufl., Berlin, Stuttgart [Borntraeger])

Geologischer Rahmen

Die vulkanischen Gesteine des Laacher-See-Gebiets enthalten viele Einschlüsse von Quarzit, Grauwacke, Tonschiefern, Kalkstein und Löß; alle diese Einschlüsse sind mehr oder weniger metamorphosiert und durch Metasomatose verändert. Diese Zeugnisse lassen darauf schließen, daß die Vulkanbauten einem hauptsächlich devonischen Sockel aufsitzen, der stellenweise aus Tonsteinen oder Kalksteinen besteht, aber auch aus tertiären Schottern und Löß aus dem Quartär. Im Gebiet von Kärlich streichen Trachyte aus dem Tertiär aus, sie gehören zum Westerwald.

Erdgeschichtlicher Abriß

Die Vulkangeschichte der Osteifel ist sehr komplex. Zu ihrer Erforschung waren umfangreiche und verschiedenartige Untersuchungen notwendig. So wurden viele C^{14}- und K/Ar-Datierungen der vulkanischen Abfolgen vorgenommen. Man kann sieben aufeinanderfolgende Flußterassen unterscheiden, die für den Vulkanismus charakteristische Mineralassoziationen enthalten. Diese Terrassen, von denen die älteste vor der Günzeiszeit entstanden ist und die jüngste aus der Würmeiszeit stammt, wurden während der gesamten vulkanischen Tätigkeit abgelagert und haben somit die wichtigsten Ereignisse in Form von zwischengelagerten Mineralen im Löß und in den Schottern festgehalten. Auf Grund dieser Untersuchungen kann die Geschichte des Laacher-See-Vulkanismus annähernd rekonstruiert werden. Man unterteilt die Tätigkeit in drei Perioden.

Erste Periode: Die Ausbrüche beginnen mit der Hebung des Rheinischen Schiefergebirges und der verstärkten Absenkung des Neuwieder Beckens. Das war 570 000 Jahre vor der Günzeiszeit. Diese Tätigkeit dauerte bis in die Zeit vor 300 000 Jahren, bis zur Mindeleiszeit an.

Die Tätigkeit beginnt mit der Errichtung zahlreicher Stratovulkane, die während dieser ganzen Periode andauert. Alkalibasalttuffe sowie Basanit-, Tephrit-, und Leucititergüsse werden gefördert. Manchmal entstehen die Vulkane sogar in überschwemmten Gebieten, was aus der Existenz von Palagonittuffen geschlossen werden kann. In dieser Zeit ereigneten sich unter anderem die ersten Ausbrüche des Aschenvulkans vom Hochstein bei Ettringen und des Leilenkopfs bei Niederlützingen, der Schlackenkegel des Hochsimmer nördlich von Mayen (mit einem Lavaerguß) und des Perlerkopfs im oberen Brohltal.

Kurz nachdem die Aktivität dieser basaltischen Stratovulkane begonnen hatte, kündigte sich eine andere Tätigkeit an, vor allem im

Nordwesten der vulkanischen Zone. Zahlreiche Krater fördern phonolithische Tuffe, die lokal selbergitisch genannt werden, und Kuppen gleicher Petrographie entstehen. Dieser Vulkanismus, dessen Zentrum im Riedener Kessel liegt, dauerte nur 250 000 Jahre. Er hörte in der Zeit vor 320 000 Jahren, während der Mindeleiszeit auf. Der Schellkopf bei Brenk und der Engelnerkopf bei Engeln sind dafür zwei gute Beispiele. Außerdem fand ein anderes bedeutendes Ereignis statt: Die Bimssteinexplosionen des Riedener Kessels vor 350 000 Jahren während der Mindeleiszeit.

Zweite Periode: Während die selbergitischen Ausbrüche endgültig vorbei sind und die Bimssteinexplosionen aufhören, sind die basaltischen Stratovulkane während dieser zweiten Periode, die in der Zeit vor 300 000 Jahren am Ende der Mindeleiszeit beginnt und vor vielleicht 100 000 Jahren während der Rißeiszeit endet, weiter aktiv. Die zweite Tätigkeitsphase des Hochsteins und des Leilenkopfs sowie die Schlackenkegel des Lummerfeldes bei Wassenach mit einem Lavastrom, des Veitskopfs beim Laacher See und des Bausenbergs bei Niederzissen gehören in diese Zeit.

Dritte Periode: Sie ist vor allem durch den Wechsel von Bimssteinexplosionen mit der Errichtung von Basanit-, Tephrit-, Leucitit- und Nephelinit-Stratovulkanen gekennzeichnet. Sie beginnt in der Zeit vor 100 000 Jahren, in der Rißeiszeit, und endet erst vor 11 000 Jahren, lange nach der dritten Phase der Würmeiszeit.

Die Tätigkeit beginnt mit der Entstehung einiger Basaltvulkane, darunter die Wannen- und die Karmelenberg-Gruppe; danach, vor ungefähr 60 000 Jahren, während der ersten Phase der Würmeiszeit, fördert eine erste Explosion eine Bimssteindecke in den Wehrer Kessel. Zwei weitere Bimssteindecken werden vor 52 000 bis 32 000 Jahren während der zweiten Würmeiszeit gefördert. Eine letzte Bimssteinexplosion findet im Zeitraum vor 25 000 bis 12 000 Jahren statt. Nach diesen heftigen Ausbrüchen bricht der Wehrer Kessel ein, es entsteht eine vulkano-tektonische Senke. Alle diese Bimssteinausbrüche sind durch basaltische Ausbrüche getrennt, von denen zwei besonders gut datiert sind: der der ersten Tätigkeitsphase des Leucititkegels des Herchenbergs bei Oberlützingen, zwischen der ersten und der zweiten Bimssteindecke und die sehr eindrucksvolle Eruption von Kärlich, bei der sich mehrere Vulkanschlote einen Weg durch den Löß bahnten und explosionsartig blockreiche basaltische Tuffe auswarfen, die bis nach Worms, Frankfurt und Gießen flogen. Dies war vor ungefähr 20 000 Jahren, genau vor der Bildung der letzten Bimssteindecke des Wehrer Kessels. Unter anderem entstanden auch der Kegel der Kunksköpfe bei Wassenach und der Lavastrom von Mendig, während die Bimssteine aus dem Wehrer Kessel gefördert wurden. Aber die Tätigkeit ist nicht zu Ende, denn während das Becken von Neuwied weiter absinkt, werden andere basaltische Vulkane im Südosten der Eifel tätig. Tephrite bzw. Nephelinite ergießen sich an der Alten Burg und am Lorenz-Felsen östlich von Maria-Laach. Gleich danach, vor ungefähr 12 000 Jahren während der dritten Phase der Würmeiszeit, bricht der Kessel des Laacher Sees ein, der sich später mit Wasser füllt. Dann erst – vor 11 000 Jahren, nach der dritten Phase der Würmeiszeit – kommt es zu Explosionen, bei denen das Gebiet mit Bimssteinen und Aschen überdeckt wird. Man unterscheidet an Hand der Bimssteindecken fünf Explosionsphasen; von der ältesten zur jüngsten sind es:

- Die Bimssteindecke von Obermendig, in der Nähe dieser Ortschaft;
- die Bimssteindecke von Meerboden, die nördlich von Mendig in vier aufeinanderfolgenden Phasen gefördert wurde;
- die Bimssteindecke von Niedermendig, die an der Laachermühle zwischen Thelenberg und Wingertsberg in zwei Phasen gefördert wurde;
- die Bimssteindecke von Frauenkirch wurde südlich von Mendig gefördert und von Schlammströmen, Trass genannt, begleitet, die in das Nettetal einbrachen;
- die Bimssteindecke des Laacher Sees, die in fünf Phasen aus diesem See gefördert und von Schlammströmen, die in das Brohltal flossen, begleitet wurde.

Die vier ersten Bimssteindecken stammen wahrscheinlich aus derselben Magmenkammer, die Decke des Laacher Sees entstand unabhängig davon.

Alle diese Ausbrüche, die man als „plinianisch“ bezeichnen kann, waren von kurzer Dauer, denn es gibt weder Paläoböden noch Erosionserscheinungen in den Lagen.

Diese Förderprodukte bedecken oft bedeutende Flächen; der Bimsstein von Meerboden wurde noch östlich des Westerwalds gefunden und der Bimsstein vom Laacher See in Berlin, im Schwarzwald sowie im Bodensee, im Züricher und im Genfer See. Mit der Tätigkeit des Laacher Sees endete der Vulkanismus der Eifel, der sich im Laufe der Zeit von West nach Ost verlagert hatte.

Petrographie – Magmatologie

Die vulkanischen Gesteine dieses Gebiets sind pyroklastische Produkte und Laven.

Bei den Pyroklastika handelt es sich um Alkalibasalt- und Selbergittuffe und Bimssteine. Die Alkalibasalttuffe sind schwarz. Sie enthalten: Olivin, Augit, Biotit und Magnetit. Sie stehen in Form von geschichteten Ablagerungen unter anderem am Lehrenkopf bei Engeln, am Volkesfeld, am Hochstein und bei Kempenich an. Manchmal sind diese Tuffe palagonitisch, dann sehen sie vollkommen anders aus, sind bräunlich-grau und bestehen bis zu 95% ihres Volumens aus Glas; die darin enthaltenen Kristalle sind: Olivin, Biotit, Hauyn, Pyroxen, Melitith, Nephelin und Magnetit. Phillipsit und Chabasit füllen die Porenräume der Basalttuffe aus; Tonminerale und Aggregate von Olivin, Pyroxen, Hauyn und Biotit sind häufig. Vulkanit- und Grundgebirgseinschlüsse sind nicht selten.

Die Selbergittuffe, die die chemische Zusammensetzung von Leucit- und noseanreichen Phonolithen haben, sind grau, grünlich oder gelblich. Außer Glas- und Bimssteinpartikeln enthalten sie noch: Sanidin, Nosean, Olivin, Augit, Hornblende, Biotit, Magnetit, Titanit, Apatit, Melanit, oft in Analcim umgewandelten Leucit, Chabasit und Phillipsit. Einschlüsse von Fremdgesteinen sind häufig. Die Selbergittuffe bilden gut geschichtete Ablagerungen im Gebiet zwischen Bell, Wehr, Engeln, Kempenich, Weibern und Ettringen mit Rieden in der Mitte.

Die Bimssteine bilden mächtige Decken im Riedener und Wehrer Kessel und am Laacher See. Charakteristisch sind die von Wehr und Laach. Der Bimsstein vom Wehrer Kessel ist weiß und sehr glasreich. Er enthält: Sanidin, Nephelin, Nosean, Augit, Hornblende, Biotit, Magnetit, Apatit, Titanit sowie verschiedene Einschlüsse. In der Grube von Kärlich ist er gut zu sehen.

Der Bimsstein vom Laacher See ist ebenfalls weiß und sehr glasreich. Er enthält: Sanidin, Anorthoklas, Plagioklas, Hauyn, Augit, Hornblende, Biotit, Magnetit, Apatit, Zirkon, Titanit und verschiedene Einschlüsse. Er ist in den Gruben von Mendig gut aufgeschlossen. Durch das Fehlen von Nephelin und Nosean lassen sich die Bimssteine vom Laacher See gut von denen des Wehrer Kessels unterscheiden.

Der Chemismus der Bimssteine ist entweder phonolithisch, tephritisch, oder auch trachytisch, jeweils mit Foiden.

Die Laven sind Selbergite, Leucitite, Nephelinite, Basanite und Tephrite.

Die Selbergite sind sehr leucit- und noseanreiche Phonolithe. Sie haben ihren Namen vom Selberg im Laacher Gebiet. Es sind helle Gesteine mit Phänokristallen von Alkalifeldspat, Leucit, Augit und

Nosean, die in einer Matrix gleicher Zusammensetzung mit zusätzlich Hauyn, Nephelin, Biotit, Titanit, Melanit und Apatit schwimmen. Die Selbergite bilden Kuppen wie den Schellkopf bei Brenk, den Stevelskopf bei Hannebach, den Engelnerkopf und den Lehrenkopf bei Engeln.

Die Leucitite sind ziemlich hell und enthalten Phänokristalle von Leucit und Augit, die in einer Grundmasse schwimmen, die aus Augit, Nephelin, Melitith, Hauyn, Plagioklas und Apatit besteht. Sie bilden einige Ergüsse sowie Intrusionen an der Hannebach-Ley, am Humersberg bei Weibern, am Hochsimmer bei Mayen und am Herchenberg bei Oberlützingen. Es gibt von dieser Gesteinsart zwei Varietäten, die wirkliche petrographische Besonderheiten darstellen: Die Leucitophyre und die Schorenbergite. Die Leucitophyre enthalten Kristalle von Leucit, Hauyn, Augit, Sanidin, Biotit und Titanit, die in einer Grundmasse von Leucit, Nephelin, Augit, Melanit, Sanidin, Apatit und Titanit schwimmen. Der Perlerkopf im Brohltal ist dafür der typischste Aufschluß. Die Schorenbergite, die vom Schorenberg bei Rieden stammen, sind dunkelblau bis grünlichgrau, porphyrisch, mit Phänokristallen von blauem Nosean, die bis 5 mm Größe erreichen, einigen Leucitkristallen bis zu 1 cm und einer Matrix, bestehend aus Leucit, Nephelin, Augit, Melanit, Titanit, Apatit und Glas.

Die Nephelinite sind dunkel, mit Phänokristallen von Augit, Olivin und manchmal rotem Glimmer, die in einer Grundmasse reich an Leucit, Nephelin, Melilith, Augit, Magnetit und Glas schwimmen. Sie bilden eine Intrusion am Herchenberg und am Lorenzfelsen am Rand des Laacher Sees.

Die Basanite und Tephrite sind dunkle Gesteine mit großen Augitkristallen, manchmal Olivin, Leucit und Biotit, die in einer Matrix gleicher Zusammensetzung mit zusätzlich Plagioklas, Nephelin und Glas schwimmen. Sie bilden Ergüsse am Bausenberg bei Niederzissen, am Veitskopf in der Nähe des Laacher Sees, am Bellerberg bei Ettringen und in Mendig.

Es sei vermerkt, daß die Tuffe zahlreiche Einschlüsse von Eruptivgesteinen enthalten, wie Nosean- und Nephelinsyenite sowie sedimentäre und metamorphe Gesteine, die durch hohe Temperatur und Stoffzufuhr verändert sind, so daß zum Beispiel in den kristallinen Schiefern Plagioklas, Diopsid, Aktinolith, Epidot und Cordierit auftreten.

Magmatologisch gesehen weiß man sehr wenig über den Vulkanismus des Laacher-See-Gebiets. Einige Wissenschaftler glauben an ein Alkaliolivinbasalt-Magma in der Tiefe, aus dem durch gravitative

Differentiation und Pneumatolyse die Selbergite, Leucitite, Nephelinite, Basanite und Tephrite hervorgegangen sind, während durch Assimilation saurer Gesteine des Grundgebirges die Bimssteine entstanden sind. Andere Wissenschaftler glauben an zwei unabhängige Magmenkammern, die von einem Alkaliolivinbasalt-Magma abstammen. Eine der Kammern enthält ein Essexit-Magma, das die Tephrite sowie durch basische Differentiation die Basanite, Leucitite und Nephelinite ergibt. Die andere Kammer enthält ein Nephelinsyenit-Magma, aus dem die Selbergite hervorgehen. Bimssteine bilden sich in beiden Kammern durch Assimilation saurer Gesteine des Grundgebirges.

Exkursionen

Von Bell nach Brenk**

40 km lange Rundreise.
Leicht erreichbar.
Geologisch interessant: Selbergit- und Basalt-Tuff, Schorenbergit, Selbergit, Palagonittuff, Leucitit, Leucitophyr.
Mindestdauer: Ein Tag.

Von Bell, südwestlich des Laacher Sees, fährt man in Richtung Mayen; hinter dem letzten Haus von Bell biegt man links ab in einen kleinen Fahrweg entlang dem Kellbach, der zur Erlenmühle führt. Nördlich der Maxeimsmühle führt ein Weg durch das dunkle Unterholz links der Straße zu den Gruben „In der Erle". Von unten nach oben stehen – in einer Gesamtmächtigkeit von 30 m – folgende Tuffe an:

- Kompakter Selbergit-Tuff, schwach geschichtet, reich an regelmäßig verteilten Fragmenten verschiedener Gesteine, Ettringer Tuff genannt, einige Meter mächtig;
- gut geschichteter Selbergittuff mit zwischengelagerten basaltischen Lapilli- und weißen Bimssteinschichten; 2 bis 3 m mächtig;
- geschichteter basaltischer Lapillituff; 2 m mächtig;
- oberer Selbergittuff mit Bimssteinlagen und Resten von verkohlten Baumstämmen; diese Schicht liegt diskordant über dem basaltischen Lapillituff; mehrere Meter mächtig.

Entsprechend dieser Abfolge gab es zwei explosive Eruptionsphasen von Selbergittuff, getrennt durch basaltische Tuffe, die wahrscheinlich von dem Stratovulkan Hochstein stammen. Die zweite selbergitische Phase folgte nach einer ziemlich langen Ruhepause, wie die Diskordanz zwischen den beiden letzten Schichten und das Vorhandensein eines verkohlten Waldes beweisen. Eine K/Ar-Datierung von Sanidinkristallen aus dem Bimsstein des oberen Selbergittuffes hat 350 000 Jahre ergeben.

Danach begibt man sich zurück auf die Hauptstraße von Bell nach Mayen und in dem Einschnitt zwischen Hochstein und Sülzbusch schlägt man den dritten kleinen Weg nach rechts ein, der zu den Roderhöfen und zu den Tubag-Gruben führt. Hier ist der dichte Selbergit-Tuff, genannt Ettringer Tuff, durch den intensiven Abbau in einer Mächtigkeit von 20 m aufgeschlossen; man kann sich das Gestein besonders gut an den geförderten Platten ansehen. In einer gelb-grauen Grundmasse, die hauptsächlich aus Glas, aber auch aus Sanidin, Leucit, Nosean, Augit und Biotit besteht, befinden sich unzählige Fragmente von sehr verschiedenen Gesteinen wie: gelber Bimsstein, Selbergit, Basalt, Gesteine aus dem Devon sowie Quarz. Wegen seiner hydraulischen Eigenschaften wird dieser Tuff als Baumaterial und zur Herstellung von schnell abbindendem Zement verwendet.

Man fährt auf der Straße weiter nach Ettringen; auf der südwestlichen Flanke des Hochstein, links der Straße, liegt eine kleine Grube im schwarzen Basalttuff dieses Vulkans; man erkennt Stollen. Gegenüber dieser Grube führt auf der anderen Straßenseite ein tiefer gelegener kleiner Weg zu einem Aufschluß, der leider als Schuttabladestelle benutzt wurde, wo feine, oft pisolithische Selbergit-Tuffe auf einer mächtigen Bank von schwarzen Basalttuffen liegen. In der Tat wechseln die selbergitischen Tuffe mit braunen Basalttuffen ab. Die basaltischen Produkte gehören wahrscheinlich zum Hochstein; man hat sie auf ein Alter von ungefähr 350 000 Jahren datiert. Diese Wechsellagerung von hellen und dunklen Produkten setzt voraus, daß abwechselnd selbergitische und basaltische Ausbrüche stattfanden, die aus verschiedenen Ausbruchsschloten stammten, die aber nahe beieinander lagen, da die Abfolgen konkordant sind. Im rechten Teil der Grube ist eine schöne Verwerfung aufgeschlossen, an der die vulkanischen Abfolgen des südlichen Teils um einen Meter nach unten versetzt sind. Diese Verwerfung droht, vom Schutt verdeckt zu werden.

Hundert Meter südlich dieser Aufschlüsse geht man nach rechts und folgt dem Nettetal bis zur Riedener Mühle; da ist der devonische Sockel gut aufgeschlossen. Man biegt rechts ab in Richtung Rieden, und nach 1 km steht auf beiden Seiten der Straße der Selbergit-Tuff an. Der Riedener Kessel ist die größte vulkano-tektonische Senke des Laacher-See-Gebiets, mit 4 km Länge in SO-NW-Richtung und 2 km Breite in SW-NO-Richtung. Er ist mit Selbergit-Tuff angefüllt, manchmal in Wechsellagerung mit basaltischem Tuff.

Am Ende des Dorfes von Rieden hält man sich an der Wegkreuzung rechts, wendet sich am südöstlichen Ortsausgang nach links und kommt am letzten Haus von Rieden, einem Wochenendhaus, vorbei. Der Weg führt an der Südflanke des Schorenbergs entlang, der aus zwei bewaldeten Gipfeln besteht, die von einer Talmulde getrennt sind, der man folgt; im Wald am Abhang des rechten Gipfels findet man Blöcke von Schorenbergit. Das Gestein ist grau-grün, die Noseankristalle erreichen 5 mm und sind in kleinen Nestern angereichert; diese Kristalle sind im Zentrum dunkelblau und außen weiß; manchmal findet man auch Leucite, die 1 cm Durchmesser erreichen. Man begibt sich zurück nach Rieden, und nach 250 m biegt man links ab in einen schmalen Weg, der zwischen den Häusern zu zwei Steinbrüchen hinaufsteigt, die durch einen Weg getrennt sind. Hier stehen Selbergit-Tuffe mit Kreuzschichtung an, die reich an Fremdgesteinsbruchstücken sind: Man findet viele Fragmente von Basalt, Phonolith sowie von Sedimenten aus dem Devon. Gegenüber, auf der anderen Talseite hinter dem Fußballplatz, auf der SW-Flanke des Schorenbergs, steht eine große Felswand aus massigem Selbergit-Tuff an.

Danach nimmt man die Straße zum nordöstlichen Ausgang von Rieden in Richtung Weibern; gegenüber der Schule steigt ein Weg links der Straße zu einem Hügel (Hardt) an; nach 200 m steht unterhalb des Weges porphyrischer Selbergit an, der von blockreichem Selbergit-Tuff überlagert wird. Der massige Selbergit bildet kleine Kuppen von 2 bis 3 m Durchmesser, die in den Tuff intrudiert sind. Das Gestein ist grau-rosa, körnig und reich an Leucit, Nosean, Augit und manchmal Sanidin. Eine K/Ar-Datierung eines Sanidins aus diesem Selbergit hat ein Alter von 422 000 ± 30 000 Jahren ergeben.

Man folgt nun weiter der Straße nach Weibern, und 100 m vor der höchsten Stelle biegt man links in einen kleinen zugewachsenen Weg, der nach 300 m in den großen Steinbruch der Hohen Ley führt, der etwa 20 m hoch ist; hier steht massiger selbergitischer Tuff an, der reich an Aschen ist, im oberen Teil des Aufschlusses reich an Bimsstein wird und Kreuzschichtung aufweist. Dieser obere Teil bildet den Übergang zum Bimssteintuff des Riedener Kessels, den man 500 m hinter dem höchsten Punkt der Straße in Richtung Gänsehals erblickt. In der Tat gibt es drei Haupttuffhorizonte im Riedener Kessel, von unten nach oben:

- unterer Selbergit-Tuff, blockreich (Hardt), 420 000 Jahre alt;
- Intermediärer Tuff, aschenreich (Hohe Ley), 400 000 Jahre alt;
- Bimstuff (Gänsehals), 350 000 Jahre alt.

Man geht zurück auf die Straße nach Weibern und biegt am Dorfeingang hinter den ersten Gebäuden rechts ab in den Weg, der über die Bahngleise zum Steinbruch führt; dort befindet sich ein schöner Abbaubetrieb von feinkörnigem Selbergit-Tuff, der 20 m tief eingeschnitten ist; es handelt sich um den für den Bau sehr geschätzten Weiberner Tuff (Farbbild 8, S. 150). Gleiche Steinbrüche befinden sich gegenüber auf der anderen Talflanke.

Von Weibern fährt man nach Kempenich, und am Nordausgang dieser Stadt in Richtung Hannebach liegen zwei Steinbrüche rechts der Straße in dem dichten Selbergit des Engelnerkopfs. Das Gestein ist grünlich-grau und enthält reichlich weiße Noseankristalle sowie einige Biotite und Augite. Ein wenig weiter biegt man von der Hauptstraße rechts ab in Richtung Hannebach. Hinter der Tankstelle rechts, hinter einem Betrieb, liegt ein kleiner 50 m breiter und 10 m hoher Steinbruch. Die Gesteine sind geschichtet und bilden einen kleinen Sattel. Es handelt sich um gelb-braunen Palagonit-Tuff, dessen Grundmasse hauptsächlich aus Glas besteht; er enthält rundliche Körner von Basalt, von subvulkanischen Gesteinen und Sedimenten aus dem Devon. Die Poren des Tuffs sind reich an Zeolithen und Calcit, und hier und da findet man Kristalle von Biotit, Olivin, Hauyn und Pyroxen. Dieses Gestein hat sich wahrscheinlich unter Wasser in einem See oder Fluß gebildet.

Man folgt der Straße weiter bis Hannebach und biegt rechts ab in Richtung Burgbrohl, dann sofort – noch im Dorf von Hannebach – nach links, dann wieder nach rechts auf einen befahrbaren Weg; an der kleinen Kreuzung muß man nochmals rechts abbiegen; nach 1 km erreicht man den Steinbruch der Hannebacher Ley, nachdem man an Schutthalden vorbeigekommen ist. Hier ist eine Leucititinjektion aufgeschlossen; auf der rechten Seite wurden die devonischen Schiefer beim Aufstieg des Magmas zerdrückt und rot gefärbt. An manchen Stellen befinden sich geschichtete Tuffe zwischen dem Leucitit und den devonischen Schiefern. Der Leucitit ist feinkörnig und mehr oder weniger blasig; die Vakuolen sind mit Leucit-, Melilith-, Nephelin-, Augit-, Hämatit-, Calcit- und Chalcedonkristallen ausgekleidet.

Wenn man Zeit hat, kann man Proben von Leucitporphyr am Perlerkopf nördlich der Hannebacher Ley suchen (eine halbe Stunde zu Fuß hin und zurück). Man geht aus dem Steinbruch und den Schutthalden heraus und am Waldrand rechts des Wegs entlang in Richtung Norden hinauf; am Gipfel des Plateaus mit Äckern biegt man nach links ab; dann geht man nach etwa 100 m nach rechts auf den bewaldeten Gipfel des Perlerkopfs zu. Ein kleiner Weg führt in den Wald; links befindet sich ein stark zugewachsener Steinbruch; am Eingang befinden sich rote und grünliche Schlacken in Wechsellagerung, darunter erscheint der kompakte grüne Leucitit mit kleinen weißen Punkten von Leucit und Pyroxenkörnern.

Man kehrt wieder auf die Straße nach Burgbrohl zurück, und in Niederzissen biegt man rechts ab nach Brenk; ein großer Steinbruch wird oberhalb dieses Dorfes am Schellkopf betrieben. Eine Selbergitkuppe ist hier angeschnitten; diese Kuppe hat bei ihrer Entstehung die devonischen Schiefer zerdrückt. Der Selbergit ist sehr schön, er spaltet sich in klingende Steinplatten, ist gelblich und enthält schöne dunkelblaue Noseankristalle sowie einige seltene durchsichtige Sanidinkristalle.

Von Niederlützingen nach Mayen**

Rundfahrt von 50 km.
Leicht erreichbar.
Geologisch interessant: Stratovulkane, Gänge, Basalt, Basanit, Tephrit, Leucitit, Basaltsäulen.
Mindestdauer: Ein halber Tag.

Von Niederlützingen, nördlich des Laacher Sees, fährt man in Richtung Brohl; nach 1,5 km führt links ein breiter Weg in Richtung Norden zu den Steinbrüchen, die in dem großen Stratovulkan des Leilenkopfs angelegt und in Betrieb sind; hier sind Schichten von braunen, roten, grauen und schwarzen Schlacken und Lapilli aufgeschlossen, die Schiefereinschlüsse aus dem Devon sowie große Biotit-, Augit-, Olivin-, Nephelin- und Hauynkristalle enthalten. In der nordwestlichen Wand des großen Steinbruchs ist der Devonsockel aus gelben aufgerichteten Schiefern unter den vulkanischen Produkten, die selbst von Lößlinsen am Gipfel bedeckt sind, angeschnitten. Der Krater des Stratovulkans ist noch unter dem Wasserturm im Westen erkennbar. Er ist mit Löß, Bimsstein und gelben basaltischen Sanden gefüllt. Die Schlacken des Leilenkopfs sind wahrscheinlich Nephelinite. K/Ar-Datierungen von in den Schlacken enthaltenen Sanidinen haben 405 000 ± 15 000 Jahre und 385 000 ± 15 000 Jahre ergeben.

Man geht zurück auf die Straße nach Brohl, und im Tal biegt man rechts ab nach Burgbrohl, wo man hindurchfährt. Dann fährt man in Weiler in nördlicher Richtung hinauf zu dem großen Steinbruch im Stratovulkan des Herchenbergs, der in Betrieb ist. Die ältesten Auswurfprodukte sind hinter dem Brecher sichtbar. Der Hauptsteinbruch weist eindrucksvolle Profile auf. An der nordöstlichen Flanke erblickt man eine Abfolge von mächtigen roten Lapillischichten und mit Bimsstein und Löß gefüllte Einsenkungen am Gipfel; hier und da erkennt man senkrechte Brüche, die mit Sedimentgestein, Löß und

Bimsstein gefüllt sind und wahrscheinlich Ausbruchsschlote darstellen. In der Nordwand sind die geschichteten Aschen reich an gebranntem Ton oder Porzellanit; das Einfallen der Abfolgen ist deutlich erkennbar – mal nach Westen, mal nach Osten. Ein mächtiger Gang von Melilithnephelinit mit rotem Biotit und Vakuolen, reich an Zeolith, hat diese Abfolgen durchschlagen. Zuletzt zeigt die nordwestliche Flanke eine sehr regelmäßige bunte Schichtung mit verschiedenen Einschlüssen sowie basaltischen Bomben (Farbbild 9, S. 151).

Von Weiler begibt man sich nach Niederzissen; am Ortseingang nimmt man die Straße nach Waldorf; links führt ein Pfad zu dem Steinbruch an der Südflanke des Bausenbergs. Man kann hier schöne Bomben aus Basanit mit Nephelin und Leucit sammeln. Die umliegenden Felder sind mit gut ausgebildeten Augitkristallen übersät. Der Pfad führt danach nach Nord-Westen in den mit Löß bedeckten Krater. Ein Basaniterguß ist aus diesem Krater nach Nord-Osten 4 km weit bis nach Gönnersdorf geflossen.

Man fährt auf der Hauptstraße zurück nach Burgbrohl und dann rechts ab nach Wassenach; vor diesem Dorf führt rechts ein geteerter Weg zum Stratovulkan Kunkskopf. Am südlichen Fuß dieses Vulkans, links der Straße, ist eine kleine Abfallgrube. Hier stehen 5 m Lapilli-Tuff, überlagert von 2 m groben schwarzen Schlacken, 30 cm Löß und 50 cm geschichtete Bimssteine vom Laacher See an. In dem großen in Betrieb stehenden Steinbruch auf der Nordflanke findet man schöne Schweißschlacken sowie Brotkrustenbomben. Eine Basaltintrusion mit Olivin-, Augit- und roten Biotitkristallen geht quer hindurch.

Von Wassenach fährt man in Richtung Maria Laach, und am Rand des Sees, genau vor der Abzweigung nach Glees, streicht auf der rechten Straßenseite der südliche Erguß des Veitskopfs aus, der aus Basanit mit Nephelin und Leucit besteht und große Augitkristalle sowie einige Olivine und Biotite enthält. Ein anderer Erguß gleicher Beschaffenheit ist nach Norden in das alte Gleestal geflossen.

Man fährt weiter nach Maria Laach und Mendig; am Ortseingang von Mendig bei der evangelischen Kirche auf der rechten Straßenseite biegt man links ab und hinter einem großen schwarzen Haus auf der linken Seite wieder nach rechts; ein Weg führt unterhalb zu den Steinbrüchen der Firma Michels, wo man einen Erguß von Tephrit mit Nephelin und Leucit abbaut. Der Abbau, teilweise in Stollen, erfolgt nur im oberen Lavaerguß, aber durch eine Bohrung wurde die Existenz eines zweiten darunterliegenden Ergusses erkannt, der von gleicher Beschaffenheit ist. Die Basis des oberen Ergusses ist kompakt, durchfurcht von zahlreichen senkrechten Brüchen, die zu einer Abspaltung in grobe Säulen führen; der oberste Teil des Ergusses ist schlackig; der Erguß ist von durch Frost stark verwürgtem Löß bedeckt. Über dem Löß wurde der Bimsstein von Niedermendig abgelagert. Der Tephrit ist reich an Vakuolen und an Einschlüssen von Syenit und durch Thermometamorphose veränderten kristallinen Schiefern.

Von Mendig fährt man dann nach Kottenheim und von da aus in Richtung Ettringen; vor dieser Ortschaft liegen viele Steinbrüche in einem Erguß von Leucit-Tephrit; dieser Erguß ist dem von Mendig sehr ähnlich; man findet in der Lava Einschlüsse von Mafititen und tertiären Tonen. In der Tat gab es zwei Lavaströme in Büden und am Bellerberg, Reste eines großen Stratovulkans, der heute von Steinbrüchen angeschnitten ist. Ein 10 m mächtiger Erguß ist in Richtung Mayen nach Süden geflossen, ein anderer, kürzerer, aber 60 m hoch, ist in nördlicher Richtung nach Ettringen geflossen. Insgesamt sind die Lavaergüsse von Norden nach Süden 4 km lang und von Osten nach Westen 2 km breit. Danach fährt man auf der Straße weiter von Ettringen in Richtung Mayen; beiderseits der Straße liegen alte Steinbrüche, in denen der Tephrit aufgeschlossen ist.

Man fährt über eine große Kreuzung, biegt hinter dem Transformator rechts ab und gelangt zu den Gruben „An der Ahl“; hier ist der Erguß vom Hochsimmer, einem hufeisenförmigen Stratovulkan, der nach Süden geöffnet ist, aufgeschlossen. Rechts der Straße, die durch das Nettetal führt, liegen vier eindrucksvolle Steinbrüche. Die Lava spaltet sich in große senkrechte Säulen oder in ein Gewirr von Prismenbündeln. Walzenförmige Durchbewegungen der Lava, parallel zum Untergrund, führten zu einer waagerechten Abspaltung und einer Zerlegung des Gesteins zu Platten. Die Lava besteht aus Nephelin-Leucitit, mit bloßem Auge sind nur Augitkristalle sichtbar.

Von Andernach nach Mendig**

Rundfahrt von 50 km.
Leicht erreichbar.
Geologisch interessant: Bimssteindecken, Basalttuff, Schlammströme, Stratovulkane, Alkalibasalt, vulkanotektonische Senke, Nephelinit, Kohlendioxidaustritte.
Mindestdauer: Ein Tag.

Von Andernach fährt man in Richtung Plaidt; vor dieser Ortschaft liegen rechts der Straße mehrere Steinbrüche, in denen die Bimssteinschichten des Laacher Sees abgebaut werden; man muß den jüngsten Steinbruch suchen, in dem die Schichten am tiefsten angeschnitten sind, denn die Aufschlüsse stürzen schnell ein. An dieser Stelle der Osteifel kann man am besten die Bimssteindecken von Meerboden, Frauenkirch und vom Laacher See betrachten, die in dieser Reihenfolge von unten nach oben übereinandergeschichtet sind. Dieser Komplex liegt auf Löß aus der 3. Vereisungsphase der Würmeiszeit. Von unten nach oben unterscheidet man:

- Der weiße Bimsstein von Meerboden, der aus vier unscharf gegeneinander abgegrenzten Schichten besteht, die vier Ausbruchsphasen entsprechen: Die untere Schicht ist 60 cm mächtig, die beiden mittleren 30 bzw. 35 cm und die obere 40 cm;
- der Bimsstein von Frauenkirch, ein 12 cm mächtiges graues Band;
- die Bimssteine des Laacher Sees, die in fünf Schichten aufgegliedert sind, die fünf Ausbruchsphasen entsprechen: Die untere 60 cm mächtige Schicht, die aus gelbbraunen etwas hervortretenden Lagen, getrennt durch Bimssteine, besteht; die drei mittleren Schichten, weißlich, hellgelb bzw. hellgrau, und 35, 90 bzw. 60 cm mächtig; die obere dunkelgraue Schicht, mehrere dm mächtig. Die Mächtigkeit dieser letzten Schicht ist je nach dem Abtragungsgrad unterschiedlich.

Die Farbunterschiede sind vor allem auf den verschiedenen Gehalt an Schieferpartikeln aus dem Devon zurückzuführen; so hat der Bimsstein von Frauenkirch graugrüne Schiefer durchschlagen und mitgerissen, der vom Laacher See graubraune Schiefer. Außer diesem sedimentären Material sind Einschlüsse vulkanischen Ursprungs häufig. Der Bimsstein von Meerboden enthält Fragmente von Tephrit mit Nephelin und Leucit von Mendig, der vom Laacher See ist reich an Basanit und Leucitit, die um den See herum anstehen (Farbbild 10, S. 151).

Von Plaidt fährt man in Richtung Kruft, und direkt vor diesem Dorf rechts unterhalb der Straße liegt die große Grube Meurin. Hier sind Schlammströme, die sich in das Gebiet von Frauenkirch ergossen haben, 20 m hoch aufgeschlossen. Man unterscheidet von unten nach oben:

- verfestigte Aschen, genannt „unterer Trass“, unter dem Grundwasserspiegel; ungefähr 10 m mächtig;
- unverfestigte Aschen; direkt über dem Grundwasserspiegel; 5 m mächtig;
- verfestigte Aschen, genannt „römischer Trass“, die man an Stollen aus römischer Zeit erkennt; 3 m mächtig;
- unverfestigte Aschen; 50 cm mächtig;
- verfestigte Aschen, genannt „oberer Trass“; 50 cm mächtig;
- unverfestigte Aschen; 70 cm mächtig;
- Bims vom Laacher See, 2 m mächtig.

Jeder Trass, der von unverfestigten Aschen überlagert ist, entspricht einem Schlammstrom vom Vulkan von Frauenkirch; man nimmt an, daß sie als Suspension von heißen Gasen, Wasserdampf und festem Material vom Krater bis in das Nettetal geflossen sind. Die Temperatur muß etwa 350 bis 400 °C betragen haben, denn man hat verkohlte Baumstämme darin gefunden.

Von Kruft fährt man nach Nickenich; vor dieser Ortschaft links liegen große Gruben an den Hängen des Heidekopfs und des Roterberges, in denen Bims abgebaut wird; rechts sieht man den gescheckten Stratovulkan Sattelberg, der von Bimsstein überlagert wird. Das Bimssteinprofil von Nickenich ist stratigraphisch dasselbe wie das von Plaidt, aber die Mächtigkeit der verschiedenen Lagen und die Korngröße haben erheblich zugenommen, denn man ist viel näher am Ausbruchsort. Mächtige Aschenschichten treten besonders hervor.

Von Nickenich fährt man in Richtung Maria Laach und biegt am Hotel Waldfrieden nach rechts ab in Richtung Wassenach und nach wenigen Metern nochmals nach rechts bis oberhalb des Fußballplatzes. Hier steht der graue Bimsstein der fünften Tätigkeitsphase des Laacher Sees an. Er weist Kreuzschichtung auf und enthält unter anderem Einschlüsse von kristallinen Schiefern, Alkalitrachyt, Syenit und von Lava, die reich an wunderbaren himmelblauen Hauynkristallen ist.

Danach fährt man nach Wassenach und hält an der Abzweigung nach Bad Tönnisstein vor der Eisenbahnbrücke; auf beiden Seiten des Tals stehen 60 m mächtige ungeschichtete Bimssteinablagerungen an; es handelt sich um einen Schlammstrom vom Laacher See, der in das Brohltal und bis zum Rhein geflossen ist.

Danach fährt man über Burgbrohl und Glees in Richtung Wehr. Auf der Anhöhe führt rechts ein Weg zu der Grube am Dachsbusch, einem Stratovulkan aus Alkalibasalt, der reich an Pyroxen und Olivin ist und dessen Vakuolen mit Zeolithen gefüllt sind. Dieser Vulkanbau wird von dem ältesten Bims von Wehr überlagert, der hinter der Puzzolan-Aufbereitungsanlage gut aufgeschlossen ist; er ist geschichtet, reich an Einschlüssen von Alkalitrachyt, Selbergit, kristallinen Schiefern sowie Sedimenten aus dem Devon. Der Kontakt zwischen dem Stratovulkan und dem Bimsstein ist in der Grube darüber gut sichtbar; die rosafarbenen basaltischen Aschen bilden eine wunderbare Falte, die unter den ältesten Schichten von Wehr liegt.

Man setzt den Weg nach Norden fort und gelangt an einen kleinen Steinbruch auf der rechten Seite, der durch eine Schranke abgesperrt ist; man findet dort ein Profil in den jüngsten Wehrer Bimsablagerungen, die kreuzgeschichtet sind. Die Abfolge enthält viele verschiedene Einschlüsse, vor allem Alkalitrachyt, kristalline Schiefer und Selbergit. Von da aus hat man eine gute Aussicht über die vulkanotektonische Senke von Wehr, die mit Bimssteinen gefüllt und rundum von Stratovulkanen umgeben ist. Sie mißt 2 km im Durchmesser. Im nördlichen Teil tritt bei der Welschwiesenmühle Kohlensäure aus.

Von Wehr fährt man in Richtung Maria Laach; rechts der Straße ist der große Stratovulkan Rothenberg durch einen Abbau angeschnitten. In Maria Laach fährt man in Richtung Mendig und vor einem kleinen Kreuz biegt man links ab auf einen geteerten Weg, der für den Verkehr gesperrt ist; nach einigen hundert Metern geht man links zum See. Rechts am Waldrand ist eine kleine Grube, in der die dritte Bimssteinschicht des Laacher Sees aufgeschlossen ist; diese enthält große Syenitblöcke und kristalline Schiefer. Am Grubenausgang sieht man ganz unten den weißen Bimsstein der zweiten Tätigkeitsphase des Laacher Sees. Man geht weiter auf dem Pfad in Richtung Alte Burg, einem Stratovulkan, der sich unter dem See weiter fortsetzt, er ist von einem zugewachsenen Steinbruch angeschnitten; er liegt rechts des Weges und wird von Löß und Bimssteinen vom Laacher See überlagert.

Man geht im Wald weiter auf dem breiten Weg, der um den See herumführt, und nach 400 m erreicht man den Verwitterungsschutt des Lorenzfelsen, der aus kompaktem Leucit-Nephelinit mit gut sichtbaren Augit- und Olivinkristallen besteht. Einige Blöcke, die wie Auswürflinge oder große Bomben aussehen, bestehen aus einem braunen Gestein, sehr reich an bis zu 5 cm großen roten Glimmerkristallen, an gut kristallisiertem Augit und in geringem Maße an Olivin. Am Seeufer bei Alte Burg und weiter östlich erkennt man starke kalte Kohlensäureaustritte an der sprudelnden Wasseroberfläche.

Der Laacher See ist 270 m tief und mißt 2 km im Durchmesser. Früher war er größer; um 1152 und um 1845 wurde der Wasserspiegel durch den Bau von Stollen im Südteil um mehrere Meter gesenkt. Der Einbruch des Laacher Sees existierte schon vor dem Auswurf der Bimssteindecken.

Nun fährt man auf der Straße in Richtung Mendig, und vor dieser Stadt geht man rechts auf die Bimssteingruben in der Nähe des kleinen Maars von Meerboden zu. Je mehr man sich dem Maar nähert, umso mehr Blöcke findet man im Bimsstein, denn man nähert sich dem Ausbruchsschlot, von dem die Bimssteine von

Meerboden stammen. In den Gruben stehen über einem Löß aus der 3. Vereisungsphase der Würmeiszeit von unten nach oben an:

- Der Bimsstein von Meerboden, der mit einer Schicht reich an Basaltbomben, gelben Stücken von Tonstein und Sedimentgesteinen aus dem Devon beginnt; das Ganze ist ungeordnet und ungeschichtet; darüber nimmt die Größe und die Zahl der Basaltbomben ab, aber die Menge der devonischen Gesteine nimmt zu, eine deutliche Schichtung erscheint mit Bimsstein- und Aschenlagen. Die Abfolge von Meerboden endet mit einer Lage von weißen Bimssteinen; 4 m Mächtigkeit im Durchschnitt;
- der Bimsstein von Niedermendig, dessen Ausbruchsschlot sich an der Laachermühle befindet, besteht aus zwei Lagen. Die erste ist an der Basis sehr reich an Basaltbomben, darüber liegen feine Aschen und Bimssteinschichten mit einigen zerstreuten Bomben, zuoberst liegt eine deutlich abgesetzte Aschenbank; 6 m Mächtigkeit im Durchschnitt. Die zweite Lage besteht hauptsächlich aus einer bombenreichen Schicht, gefolgt von einer deutlich erkennbaren Aschenbank; 2 m Mächtigkeit im Durchschnitt;
- die Bimssteine vom Laacher See, die sehr gut geschichtet sind; da der Ausbruchsschlot weiter entfernt liegt, hat der Wind eine Korngrößenklassifizierung der Produkte verursacht.

Es sei vermerkt, daß diese Abfolgen unterhalb des Hotels Hansa dicht bei der Straße in einer Grube aufgeschlossen sind, aber der Bimsstein von Meerboden liegt zum Teil unter Schutt; die vulkanischen Bomben sind dort kleiner, denn wir befinden uns noch weiter vom Ausbruchspunkt entfernt.

Das Siebengebirge

Das Siebengebirge mit seinem höchsten Punkt, dem Ölberg (460 m), liegt südwestlich von Bonn; es ist ein Naturpark und alles Sehenswerte ist überall markiert.

Geographische Lage

Der Vulkankomplex des Siebengebirges ist in NW-SO-Richtung 8 km lang und in O-W-Richtung 6 km breit.
Er liegt auf zwei Horsten und einem Graben:

- Im W der Hardt-Horst
- im Zentrum der Graben des Siebengebirges
- im O der Pleisbacher Horst.

Das Siebengebirge liegt an der Kreuzung von zwei Störungslinien, die in NW-SO- bzw. in O-W-Richtung streichen. Der Vulkanismus des Gebiets ist von dieser Tektonik stark beeinflußt, wie der Latitgang von Rosenau, der den Graben des Siebengebirges im Westen begrenzt, oder der des Ofenkaul, der NW-SO streicht, zeigen. Auch

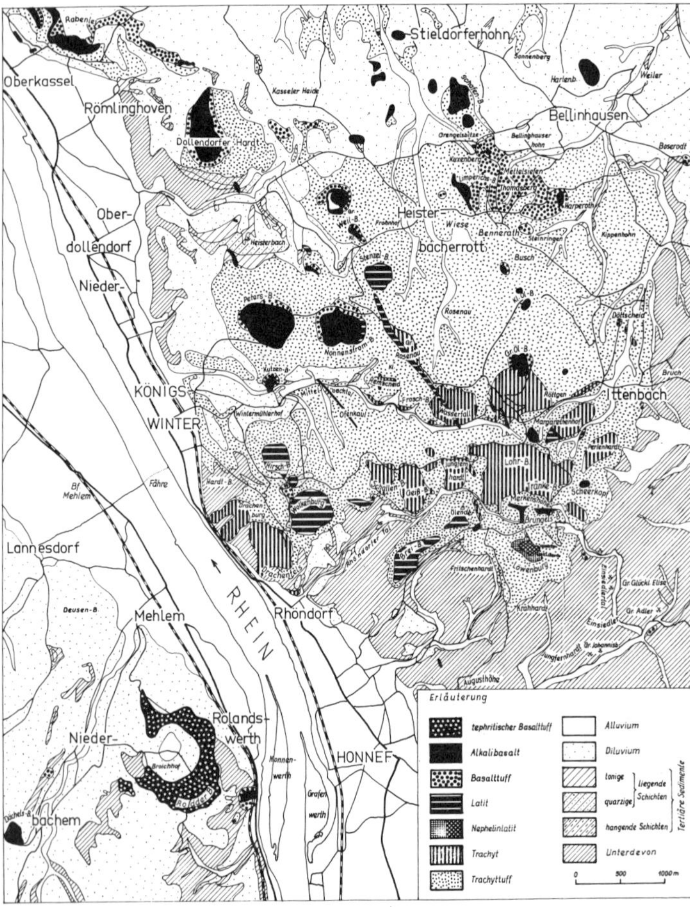

Abb. 7 Geologische Karte des Siebengebirges (nach *Uhlig* [1914]: Die Entstehung des Siebengebirges. – Braunschweig; aus *Frechen, J.* [1976]: Siebengebirge am Rhein – Laacher Vulkangebiet – Maargebiet der Westeifel. – 3. Aufl., Berlin, Stuttgart [Borntraeger])

die Trachyte vom Schallenberg bis zur Perlenhardt erstrecken sich in O-W-Richtung. Es ist schwer, manche dieser Vulkane, die hauptsächlich aus dem Oligozän und dem Miozän stammen, als geomorphologische Einheiten zu erkennen. Die vulkanischen Apparate bestehen aus einer sehr dicken Trachyttuff-Decke, die von basaltischen Stratovulkanen sowie von Trachyt- und Latitkuppen und Intrusionen durchbrochen ist.

Geologischer Rahmen

Die vielen Einschlüsse in den Trachyten zeigen, daß der Sockel, auf dem der Vulkan ruht, hauptsächlich aus devonischen Schiefern und untergeordnet aus tertiären Sedimenten besteht.

Erdgeschichtlicher Abriß

Es gibt zur Zeit nur eine K/Ar-Datierung und zwar von den Sanidinen des Drachenfels, die 22,8 ± 0,6 Millionen Jahre ergeben hat. Jedoch kann der Vulkanismus des Siebengebirges mit dem des Westerwaldes korreliert werden, da die Förderprodukte praktisch gleich sind. Aufgrund dieser Korrelierbarkeit unterteilt man die vulkanische Aktivität des Siebengebirges in zwei Perioden.

Erste Periode: Im Oligozän, als die Horste und der Graben schon vorhanden waren, wird bei einer sehr starken explosiven Tätigkeit die mächtige Trachyttuffdecke abgelagert.

Zweite Periode: Am Ende des Oligozäns und während dem Miozän entstehen Intrusionen und Kuppen aus Trachyt, dann aus Latit und schließlich basaltische Stratovulkane. Später wird dieser gesamte Vulkanismus von der Erosion stark abgetragen.

Beziehungen zu den anderen Vulkangebieten

Der Siebengebirgsvulkanismus ist sicherlich eng mit dem Vulkanismus des Westerwalds verknüpft, dem er sehr ähnlich ist, aber auch mit dem der West-Eifel und dem Laacher-See-Vulkanismus, wie die Nähe des Rodderberges beweist, der ein nördlicher Vorposten dieser vulkanischen Gruppe ist. Alle liegen in der nördlichen Fortsetzung des Oberrheingrabens und sind als Fernwirkung der alpidischen Faltung entstanden.

Petrographie – Magmatologie

Man unterscheidet Pyroklastika und Lava. Die Pyroklastika bestehen aus trachytischen und basaltischen Tuffen.

Die trachytischen Tuffe sind hell, reich an großen Sanidinkristallen, aber auch an Plagioklas, Augit, Biotit, Magnetit, Titanit, Apatit, Zirkon und an in Montmorrillonit und Kaolinit umgewandeltem Glas. Sie bedecken das gesamte Massiv als geschichtete Ablagerungen.

Die basaltischen Tuffe sind dunkel, durch Verwitterung rotbraun und reich an Olivin, Augit, Biotit und Magnetit. Sie sind mit den basaltischen Laven der Stratovulkane vergesellschaftet. Die Laven sind Trachyte, Latite und Alkali-Basalte.

Die Trachyte sind hellgrau bis graublau mit bis zu 4 cm langen Sanidineinsprenglingen, die häufig als Karlsbader Zwillinge in einer Grundmasse von Alkali-Feldspat, Biotit, chloritisiertem Augit und Quarz vorliegen. Sie enthalten Einschlüsse von kristallinen Schiefern mit Granat, Disthen, Andalusit, Sillimanit, Cordierit, Spinell und Korund. Die Drusen enthalten Quarz, Tridymit, Hämatit, Phillipsit, Chabasit, Heulandit, Montmorillonit und Calcit. Die Trachyte bilden Intrusionen und Kuppen wie der berühmte Drachenfels. Manchmal enthält das Gestein Nephelin, Hauyn und Sodalith, wie in den Gängen der Löwenburg. Die Latite sind hell und reich an Augit-, Hornblende-, Biotit-, Plagioklas- und Tridymit-Kristallen. Isolierte, oft große Kristalle dieser Minerale sind ziemlich häufig. Die Latite bilden Intrusionen wie unter anderem die Wolkenburg, den Stenzelberg und die Rosenau. An der Löwenburg enthält der Latit ein wenig Nephelin.

Die Alkali-Basalte sind dunkel und reich an Olivin, Augit, Magnetit und Plagioklas; das Glas entspricht in seiner Zusammensetzung Sanidin und Nephelin. Diese Laven enthalten Einschlüsse von kristallinem Schiefer sowie Quarzadern. Die Alkali-Basalte bilden die Stratovulkane des Großen Weilbergs, des Petersbergs, des Nonnenstrombergs, des Ölbergs und der Dollendorfer Hardt. Magmatologisch weiß man wenig, man nimmt an, daß aus einem Alkali-Olivinbasalt durch gravitative Differentiation und Pneumatolyse Trachyte und Latite entstanden sind.

Exkursion

Von Oberdollendorf nach Niederbachem**

40 km lange Rundfahrt.
Leicht erreichbar.
Geologisch interessant: Stratovulkane, Basalt, Latit, Kuppen, Trachyt, Gang, Panorama.
Mindestdauer: Ein Tag.

Von Oberdollendorf fährt man nach Osten in Richtung Heisterbacherrott und hält auf dem Parkplatz links der Straße am südöstlichen Fuß des Stratovulkans Weilberg. Ein 500 m langer Weg führt zu einem großen Steinbruch, der auch auf dem Parkplatz an einem großen Felsen markiert ist; dieser Weg ist für den Verkehr gesperrt. Der Eingang des Weilberger Steinbruchs ist in den gut geschichteten Trachyttuff eingeschnitten. Im Steinbruch selbst steht eine große 30 bis 50 m mächtige Basaltmasse mit schönen garbenförmigen Säulen an. Der Basalt drang in die geschichteten Trachyttuffe ein, die durch Kontakt mit ihm rot gefärbt wurden. Danach durchquerte ein Gang die Basaltmasse und die Trachyttuffe; er ist gut sichtbar, er erweitert sich trichterförmig nach oben; auf zwei gemalten Tafeln wird auf einfache Weise die Geologie des Gebietes erklärt.

Von dem Parkplatz auf der anderen Seite der Hauptstraße aus führt ein asphaltierter Weg zum Westhang des Stenzelbergs; vor dem Café-Restaurant geht man nach Norden zu den aufgelassenen Steinbrüchen in diesem Stratovulkan; turmartige Gebilde stehen in der Landschaft. Sie bestehen aus Latit, wurden aber nicht abgebaut, denn sie weisen eine konzentrische oder zylindrische Veränderung auf. In den Grubenwänden zeigt sich der Latit in dicken senkrechten Säulen; das Gestein enthält große Hornblendekristalle, die mehrere cm Länge erreichen können; man erkennt auch Augit, Biotit und in Montmorillonit und Calcit umgewandelten Plagioklas.

Spalten sind mit Heulandit gefüllt. Aggregate von Hornblende, Augit, Biotit, Magnetit und Tridymit sind häufig. Dann fährt man über Heisterbacherrott und Ittenbach nach Margarethenhof; von dort geht man zu Fuß in Richtung Südosten, gegenüber dem Hotel Sophienhof nimmt man den Weg nach Königswinter; nach 500 m erreicht man einen sehr schönen kleinen aufgelassenen Steinbruch links gegenüber dem Nasseplatz. Trachyttuffe, reich an Einschlüssen aus dem Devon, streichen links und rechts vor dem Grubeneingang aus. Der massive Trachyt ist in Form einer Kuppe in die Tuffe eingedrungen; er ist geklüftet, und die Schichten fallen deutlich nach Norden ein; das Gestein ist reich an Sanidinkristallen, aber sie sind kleiner als am Drachenfels.

Man fährt weiter auf der Hauptstraße in Richtung Königswinter und am Rhein entlang bis Rhöndorf; gleich am Eingang des Dorfes, in der Nähe der Schnellstraße, neben einem Stromtransformator, hat man einen schönen Blick auf die Quellkuppenstruktur des Drachenfels über den Reben. Die kleinen Mäuerchen sind aus schönen Stücken von Trachyt mit mehrere cm großen Sanidinkristallen gebaut.

Vom Parkplatz auf dem von Gaststätten umgebenen Platz im Ostteil Rhöndorfs nimmt man den markierten Pfad zum Drachenfels; genau vor dem Beginn der Holzplanken am Wegrand, in einem Wald ohne Unterholz, erblickt man rechts Schutthaufen, bei denen man die dem Geologen Stürtz gewidmete Stelle besichtigen kann. Von da aus führen kleine bewachsene Pfade in nördlicher Richtung zu den aufgelassenen Steinbrüchen in dem Stratovulkan Wolkenburg. Hier ragen große Latittürme wie am Stenzelberg auf, aber das Gestein ist hier ärmer an Hornblende.

Man schlägt wieder den Weg zum Drachenfels ein, und ungefähr 100 m vor der Asphaltstraße von Königswinter ist links der Trachyt der Quellkuppe mit großen Sanidinkristallen aufgeschlossen. Das Ganze ist senkrecht geklüftet.

Vom Gipfel des Drachenfels hat man eine schöne Aussicht über den Rhein und die Umgebung. Der große zum Fluß hin gelegene Trachytbruch ist nicht mehr zugänglich, er wurde wegen des Gerölls zubetoniert. Es sei darauf hingewiesen, daß man den Gipfel des Drachenfels mit einer Zahnradbahn von Königswinter aus erreichen kann. Man hat die ursprüngliche Form des Felsens rekonstruieren können, da die Sanidinkristalle mit ihrer längsten Achse tangential zur äußeren Begrenzung der Quellkuppe ausgerichtet sind. Nachdem man nach Rhöndorf zurückgekehrt ist, fährt man am Rhein entlang nach Süden und setzt in Bad Honnef mit der Fähre nach Rolandseck über; von da aus fährt man in Richtung Norden durch Rolandswerth, und in Mehlen biegt man an der Kirche in Richtung Niederbachem ab; eine ausgeschilderte Straße führt links zum Rodderberg. Eine alte Grube befindet sich rechts der Straße, westlich von diesem Stratovulkan, der nicht direkt zum Siebengebirge gehört, sondern eher einen nördlichen Ausläufer des Laacher-See-Vulkanismus in der Eifel bildet. Er ist viel jünger als die Vulkane des Siebengebirges, da er vor ungefähr 30 000 Jahren entstanden ist. In der Grube stehen 10 bis 12 m mächtige Aschen- und Schlackenablagerungen an; im rechten Teil des Aufschlusses wurde älterer Löß von pyroklastischen Produkten bedeckt und durch den Kontakt in Porzellanit, eine wirklich natürliche vom Magma gebrannte Ziegelmasse, verwandelt. Im linken Teil bedeckt junger Löß den Stratovulkan. Es gibt mehrere Lagen mit Bomben, und Einschlüsse von Fremdmaterial sind in der Wand dieser alten Grube häufig. Ein schöner Leucitnephelinit-Gang befindet sich im Mittelteil des Aufschlusses: wahrscheinlich handelt es sich um einen ehemaligen Vulkanschlot; eine Hinweistafel erklärt geologische Einzelheiten der Grube. Vom Rodderberg aus hat man eine schöne Aussicht über das gesamte Siebengebirge auf der anderen Rheinseite.

Dann fährt man nach Niederbachem; am südwestlichen Ausgang dieses Dorfes in Richtung Oberbachem liegt rechts der Straße der Steinbruch am Dächelsberg, wo schöner säuliger Alkalibasalt ansteht. Das Gestein enthält gut sichtbare Augit- und Olivinkristalle. Aggregate derselben Minerale sind häufig. Der Basalt ist durchsetzt von Einschlüssen von Tonen, kristallinen Schiefern und gefrittetem Trachyt. Die Spalten sind mit Aragonit, Calcit und Quarz gefüllt.

Der Hauptteil des Abbaubetriebs ist geschlossen, aber man kann Proben in einem kleinen Steinbruch hinter den Gebäuden sammeln.

Kurze Bibliographie

CLOOS, H. (1941): Bau und Tätigkeit von Tuffschloten. – Geol. Rundschau, 32

EHLS, K., FINGERLIN, G., FOLLNER, W., FUCHS, G., KRIEGSMANN, F., KUNZ, E., LIEHL, E., PRIER, H., SCHMIDT-THOMÉ, P., SCHOLER, H., VERBEEK, A., WIMMENAUER, W.: Naturschutzgebiet Limberg am Kaiserstuhl. Begleiter zum Wissenschaftlichen Lehrpfad bei Sasbach a. Rh. 1979. – Führer durch Natur- u. Landsch.-Schutzgeb. Baden-Württ. 2) – Landesanstalt f. Umweltschutz Baden-Württ.

ENGELHARDT, W. v., WEISKIRCHNER, W. (1963): Einführung zu den Exkursionen der Deutschen Mineralogischen Gesellschaft. – Fortschr. Miner., 40

FRECHEN, J. (1977): Siebengebirge am Rhein, Laacher Vulkangebiet, Maargebiet der Westeifel. Vulkanologisch-petrographische Exkursionen, 3. Aufl. – Sammlung Geologischer Führer, 56. – Berlin, Stuttgart (Borntraeger)

FRECHEN, J., HOPMANN, M., KNETSCH, G. (1978): Vulkanische Eifel, 4. Aufl. – Geologische Reihe, 2. – Bonn (Stollfuß)

RASBACH, H. K., WILMANNS, O., W., FUCHS, G.: Der Kaiserstuhl. Gesteine und Pflanzenwelt. 2. Aufl. 1977. (Natur- u. Landsch.-Schutzgeb. Baden-Württ. 8) – Landesanstalt f. Umweltschutz Baden-Württ.

ROTHÈ, J. P., SAUER, K. (Hrsg.) (1967): The Rhinegraben progress report 1967 – Abh. geol. Landesamt Baden-Württemberg

WIMMENAUER, W. et al. (1959): Geologische Exkursionskarte des Kaiserstuhls, Landesvermessungsamt Baden-Württemberg

Vulkane Frankreichs

Der Vulkanismus des Tertiärs und des Quartärs ist in Frankreich sehr ungleich verteilt. Wahrscheinlich ist die Auvergne eines der schönsten Kleinodien unter den Vulkangebieten Europas. Über den Vulkanismus Frankreichs wurden viele geomorphologische, petrographische, geochemische und geophysikalische Untersuchungen angestellt.

Allgemeine Vulkanologie

Geologischer Bau

Der französische Vulkanismus erstreckt sich von Norden nach Süden über fast 1000 km und konzentriert sich im Osten des Landes. Man unterscheidet gewöhnlich drei Vulkanprovinzen:

1) das Gebiet des Zentralmassivs und des Languedoc
2) das Gebiet von Elsaß-Lothringen
3) das Gebiet der Alpes Maritimes und der Provence.

Die ersten beiden Gebiete befinden sich auf vulkanotektonischen Aufwölbungen im Vorland der Alpen, das dritte dagegen entspricht einer Einbruchszone im sedimentären Alpengürtel am Rand der Tyrrhenischen Senke.

Jedes Gebiet wird in Vulkanbezirke unterteilt.

So umfaßt das erste Gebiet folgende Bezirke:
a) Chaîne des Puys (Quartär)
b) Chaîne de la Sioule (Miozän bis Quartär)
c) Limagne (Oligozän bis Quartär)
d) Mont-Dore (Miozän bis Quartär)
e) Cézallier und Margeride (Miozän bis Pliozän)
f) Cantal (Miozän bis Pliozän)
g) Sillon Houiller (Miozän bis Pliozän)
h) Velay (Miozän bis Quartär)
i) Coirons (Miozän bis Quartär)
j) Forez und Bourgogne (Oligozän bis Pliozän)
k) Aubrac (Miozän bis Pliozän)
l) Causses und Bas-Languedoc (Pliozän bis Quartär)

Das zweite Gebiet umfaßt:
a) Elsaß-Lothringen (Oligozän bis Miozän)

Das dritte Gebiet umfaßt:
a) die westliche Provence (Pliozän)
b) die östliche Provence (Pliozän)

Vom strukturgeologischen Standpunkt aus sei gesagt, daß das Zentralmassiv und der Languedoc drei ganz verschiedene Störungssysteme besitzen:

- ein vorherrschendes Nordwest-Südost-System (Auvergne-Provence)
- ein wichtiges Nord-Süd-System (Auvergne-Languedoc)
- und ein weniger wichtiges Nordost-Südwest-System (Chaîne de la Sioule).

Ungleich verteilte waagrechte Spannungen erklären dieses Zerlegen in große tafelförmige, durch rechtwinklige Brüche begrenzte Flächen. Diese Brüche erlauben den Magmenaufstieg. Der geothermische Gradient ist im Zentralmassiv mit einem Grad Temperaturanstieg pro 15 m gegenüber normalerweise 1 °C pro 33 m noch heute ziemlich hoch. Thermal- und Mineralquellen sind in diesem Gebiet zahlreich. Sie erreichen Temperaturen von 82 °C und lassen auf heiße Stellen unter der Erdoberfläche schließen. Die Chaîne des Puys beweist das junge Alter des französischen Vulkanismus, der noch in historischen Zeiten tätig war. In den letzten Jahren wurden mittels der C^{14}-Methode, der Kalium/Argon-Methode und der magnetischen Inversionen sehr wichtige Datierungen an den vulkanischen Serien Frankreichs unternommen.

Frankreich hat den Vorzug, viele verschiedene vulkanische Tätigkeitsformen zu besitzen. Alle Tätigkeiten außer der submarinen sind hier zu finden. Der Oberflächenvulkanismus wird vertreten durch Lavaergüsse (Coirons, Devès, Aubrac, Provence, Cézallier, Languedoc), gemischte Vulkane (Chaîne des Puys, Chaîne de la Sioule, Velay), Quellkuppen (Velay, Chaîne des Puys), Ignimbritdecken (Mont-Dore, Cantal), und durch Stratovulkane (Cantal, Mont-Dore).

Unterirdischen Vulkanismus gibt es hier ebenfalls (Lothringen). Vulkane unter Seen schließlich fehlen ebensowenig (Limagne). Dazu kommen die großen vulkanotektonischen Einbruchsgräben (Limagne, Elsässische Ebene). Schließlich sei angemerkt, daß in den vulkanischen Zonen Frankreichs die seismische Aktivität sehr schwach ist.

Petrographie

Petrographisch gesehen ist der Vulkanismus in Frankreich sehr abwechslungsreich. Man trifft Basalte, Basanite, Melilithite, Andesite, Trachyandesite, Tephrite, Dacite, Trachyte, Phonolithe und Rhyolithe an.

Mineralanreicherungen sind mit Ausnahme von Hämatit in den vulkanischen Gesteinen selten.

Die Petrographen unterscheiden sechs verschiedene petrographische Serien:

I) olivinarmer Basalt – Andesit – Dacit – Rhyolith
II) olivinarmer Basalt – Trachyandesit – Trachyt – Rhyolith
III) olivinreicher Basalt – Tephrit mit Analcim und Hauyn – Phonolith

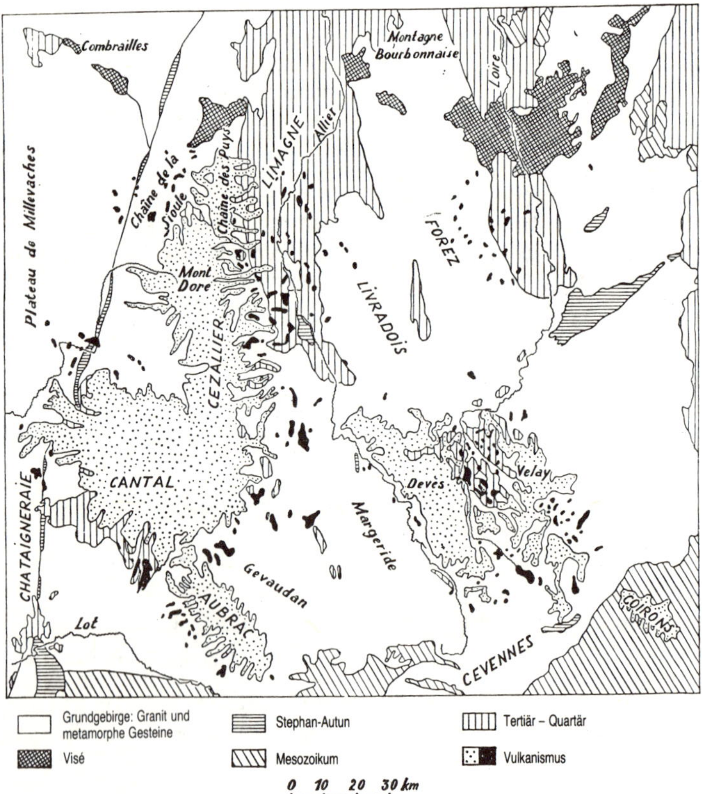

Abb. 8 Vulkankomplexe des Tertiärs und des Quartärs im Zentralmassiv (nach *Bout, P.* und *Brousse, R.* [1969]: Livret guide de l'excursion C 13 Auvergne – Velay, VIIe Congrès Inqua. – Paris)

IV) Nephelinbasanit – Nephelintephrit – Phonolith
V) Nephelinit – Melilithit
VI) Nephelinbasanit – leucitischer Tephrit – Phonolith

Die verschiedenen vulkanischen Bezirke werden von einer oder mehreren dieser petrographischen Serien gebildet. Man unterscheidet Bezirke mit nur einer Serie (einfache Bezirke) von aus mehreren Serien aufgebauten Bezirken (komplexe Bezirke).

1) Einfache Bezirke
a) Chaîne des Puys: Serie II
b) Velay: Serie III
c) Coirons, Aubrac, Margeride, Cézallier: Serie III
d) Elsaß-Lothringen: Serie VI unvollständig

2) Komplexe Bezirke
a) Mont-Dore: Serien II und III
b) Cantal: Serien II und III
c) Languedoc: Serien II und IV
d) Limagne: Serien III und IV
e) Forez und Bourgogne: Serien III und IV
f) Sioule: Serien III und IV
g) Provence: Serien I und V

Wir werden die Chaîne des Puys, die Limagne, den Mont-Dore, den Velay und einen Aufschluß im Sillon Houiller studieren.

Hinweise

Die beste Zeit, die Vulkane des Zentralmassivs zu besichtigen, ist von Juni bis Oktober, allerdings regnet es ziemlich häufig. Im Winter sind viele Pässe geschlossen. Die anderen genannten Vulkane Frankreichs sind das ganze Jahr hindurch zu besichtigen.

Die Verkehrsverbindungen sind völlig unproblematisch. Es gibt meist kleine Landstraßen; um ein Gebiet gut zu untersuchen, muß man allerdings den Mut haben, sein Fahrzeug zu verlassen und lange Fußwanderungen zu unternehmen. Viele Routen sind vom Parc naturel régional des Volcans d' Auvergne markiert. Vom Flughafen Aulnat aus (Clermont-Ferrand) bietet sich ein Rundflug über die Vulkane der Chaîne des Puys an. Unterkunft ist natürlich leicht zu bekommen.

Für eine lohnende Besichtigung empfiehlt es sich, eine Geologenausrüstung mitzunehmen sowie warme, wasserundurchlässige Kleidung und eventuell ein Schlangenserum, da es in der Auvergne noch Vipern gibt.

Die nützlichsten topographischen Karten sind die im Maßstab 1 : 50 000, herausgegeben von Institut géographique national, 107 rue de la Boétie, 75008 Paris. Die geologischen Karten gibt es im Maßstab 1 : 80 000, herausgegeben vom Bureau de recherches géologiques et minières, Département Documentation, B. P. 6009, 45018 Orléans Cedex.

Es sei vermerkt, daß die vulkanologische Karte der Chaîne des Puys im Maßstab 1 : 25 000, die das Buch Nr. 8 des Parc naturel régional des Volcans d' Auvergne von VINCENT et al. begleitet, als Auskunftsquelle ein wirkliches Meisterstück ist.

Man kann sich diese Karten auch in den Buchhandlungen in Clermont-Ferrand besorgen. Es gibt inzwischen für Vulkanamateure viele Bücher über die Vulkane des Zentralmassivs. Der Park Naturel Régional des Volcans d' Auvergne, Impasse St-Esprit, 63000 Clermont-Ferrand, gibt sehr gute Führer über das Massiv Central heraus.

Chaîne des Puys

Die Chaîne des Puys ist bestimmt der schönste Vulkankomplex Europas. Jedoch erst im Jahre 1751 erkannte ein französischer Edelmann namens J. E. Guettard den vulkanischen Ursprung dieser Kette. Der Naturforscher begleitete seinen Freund Malesherbes zur Kur nach Vichy. Unterwegs untersuchte er die Gesteine, und in Moulins sah er ein schwarzes poröses Gestein, das zum Bauen benutzt wurde; er behauptete, daß es sich hierbei um eine abgekühlte Lava handelte. Sie stammte aus einem Steinbruch in Volvic, der in einem Lavastrom des Puys de la Nugère aufgefahren wurde. Niemand vor Guettard hatte Vulkane in der Auvergne vermutet, außer vielleicht dem Geologen Coulon, der im Jahre 1644 von dieser Gegend folgendes schrieb: „Das Feuer läßt dort glühende Berge voll Schwefel erscheinen".

Geographische Lage

Die Chaîne des Puys westlich von Clermont-Ferrand ist eine der besterhaltensten Vulkangruppen Europas. Neunzig Vulkane sind eng aneinander gereiht und bilden so ein Band von 3–5 km Breite, das sich in einer meridianen nordsüdlichen Richtung über fast 46 km ausdehnt. Es haben sich viele Lavaströme teils gegen Osten durch enge Täler bis zur Limagne-Ebene, teils auch gegen Westen ergossen, wo sie große Flächen des kristallinen Grundgebirges bedecken. Die längsten Lavaströme erreichen mehr als 20 km. Die Vulkane der

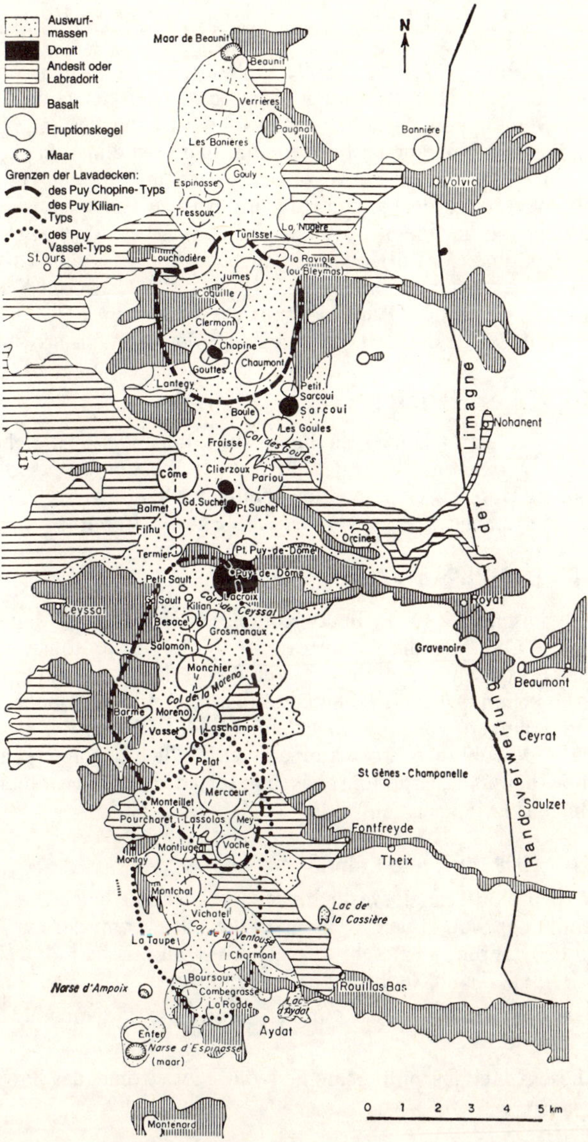

Abb. 9 Vereinfachte geologische Karte der Chaîne des Puys (nach *Peterlongo, J.* [1972]: Guides géologiques régionaux, Massiv Central. – Paris [Masson])

Chaîne des Puys weisen eine große Vielfalt in ihren Formen auf, die man jedoch zwei Haupttypen zuordnen kann: den Schichtvulkanen und den Staukuppen. Ihre Höhe schwankt zwischen 100 und 300 m. Allein der Puy de Dôme ragt 550 m über den kristallinen Sockel. Es gibt auch einige Maare zu verzeichnen, die außer dem Gour de Tazenat neuere Entdeckungen sind: ihr Ausbruchsmechanismus ist verschieden, je nachdem, ob sie von einem sauren Magma (Pavin, Kilian, Chopine, Vasset) oder einem basischen Magma (Tazenat, Espinasse) versorgt wurden. Es sei vermerkt, daß Clermont-Ferrand in einem basaltischen Explosionsmaar erbaut wurde („Fond de Jaude"), die „Butte de Clermont" ist Zeuge des Aschenrings.

Geologischer Rahmen

Die Vulkane der Chaîne des Puys sind alle an N-S streichende Störungen gebunden. Sie liegen alle auf der Westflanke des großen kristallinen Horstes, der eine gleichbleibende Höhe von 900 m hat und der die Limagne-Ebene von der Sioule-Senke trennt.

Erdgeschichtlicher Abriß

Die vulkanische Aktivität dieses Komplexes ist jung. Sie datiert in das obere Quartär, die prähistorische, ja sogar protohistorische Epoche. Fortgeschrittene Studien von C^{14}-Datierungen, paläontologische Forschungen sowie Sedimentationsstudien in den Senken und Mooren erlauben eine Tephrochronologie der Chaîne des Puys zu erstellen. Obwohl diese Forschungen erst kürzlich begonnen haben, kann man bereits 12 Eruptionsphasen unterscheiden, die wir hier von der ältesten zur jüngsten aufzählen werden:

1) Über 35 000 Jahre alte Eruption

Der Vulkan von Pranal, westlich der eigentlichen Chaîne des Puys, am Rande der Sioule, liefert einen kurzen Lavastrom, der ein Alter von 35 000 Jahren oder mehr besitzt. An der Basis befinden sich 9 Schutzhöhlen, die im Neolithikum bewohnt waren.

Zur gleichen Zeit fällt Aschenregen bei Chatel-Guyon und Clermont-Ferrand.

Aus diesem Zeitabschnitt stammen die Lavaströme des Puys de Gravenoire.

2) 22 000 bis 12 800 Jahre alte Eruptionen

Der trachyandesitische Lavastrom des Puy de Laschamps ergießt sich vor weniger als 17 000 Jahren.

Der Puys de Barme ist Ausgangspunkt des trachybasaltischen Stroms von Olby vor weniger als 22 000 Jahren und des trachyandesitischen Stroms von Bramaud vor weniger als 17 000 Jahren. Der Puy de Louchadière ergießt alle seine Lavaströme während einer Zeitspanne von 22 000 bis 12 800 Jahren vor unserer Zeit. Vor 13 200 Jahren fällt Asche auf den Puy de Thiollet im Norden der Chaîne.

Somit ist diese vulkanische Phase vor allem durch mehrere Lavaströme gekennzeichnet.

3) und 4) Ausbrüche zwischen 12 800 und 9900 Jahren vor heute

Es fallen Aschendecken vor 12 800, 11 000, 10 600, 10 300, 10 000 und 9900 Jahren, ohne daß die Ursprungskrater bekannt sind. Der Lavastrom von Royat aus dem Puy de Dôme ist vor 11 000 Jahren ausgeflossen. Diese Tätigkeitsformen fanden zur gleichen Zeit statt wie der letzte Höhepunkt des Eifel-Vulkanismus (Deutschland). Nach dieser Phase und vor der nächsten errichteten sich mehrere trachytische Kuppen in der Chaîne des Puys (Puy de Dôme, Grand Sarcouy, Clierzou).

5) Trachytische Glutwolken vor 8700 und 8250 Jahren

Drei trachytische Glutwolken haben sich über die gesamte Chaîne des Puys gewälzt und mit mehreren dm die ganze vulkanische Landschaft bedeckt und die Gipfelwälder verbrannt.

- Die älteste Decke hat ihren Ursprung im Vasset, westlich des Puy de Laschamps; sie hat ein Alter von 8700 Jahren und nur eine geringe Ausdehnung.
- Die Decke des Kiliankraters an der südwestlichen Basis des Puy de Dôme ist die größte; sie wurde vor etwa 8320 Jahren gefördert.
- Die jüngste Decke ist die des Puy Chopine nördlich der Chaîne, sie bedeckt eine weite Fläche und besitzt ein Alter von 8250 Jahren.

6) Lavaerguß vor 7650 Jahren

Die Puys de la Vache und von Lassolas entstehen und speien ihren großen und berühmten Basaltstrom vor 7650 Jahren aus.

7), 8) und 9) Explosionen im Zeitraum von vor 6760 bis vor 5750 Jahren

Das Maar von Costes bei dem Pavin-See entsteht vor 6750 Jahren; der Puy de Montchal wirft große Mengen basaltischer Aschen vor 6660 Jahren aus, ebenso wie der nahegelegene Puy de Montcineyre vor 5750 Jahren.

Ein Basaltstrom und Aschen kommen aus dem Puy de la Vache und dem Puy de Lassolas vor 6000 Jahren. Diese Phase ist vor allem durch eine starke explosive Tätigkeit charakterisiert.

10) Explosionen in der Zeit von vor 4000 bis vor 3450 Jahren

Basaltische Aschen fallen in der Limagne und auf einige Puys der Kette vor 4000 und vor 3890 Jahren, ohne daß man mit Gewißheit die Ursprungskrater dieser Ausbrüche kennt; derjenige von vor 3890 Jahren entspricht wahrscheinlich der letzten Kuppe des Puy de Dôme.

Entstehung des Explosionskraters des Pavin vor 3450 Jahren. Diese Phase befindet sich schon im Kupferzeitalter.

11) Explosionen im Jahre 80 v. Chr.

Bei den archäologischen Ausgrabungen in Brézet, einem Vorort von Montferrand, hat man Asche aus dem Jahre 80 v. Chr., kurz vor der Eroberung Galliens durch die Römer gefunden. Es handelt sich um eine basaltische Asche aus einem nicht lokalisierten Krater der Chaîne des Puys. Diese Phase ist umstritten.

12) Explosion im Jahre 1050 n. Chr. (?)

Am Standort des heutigen Schwimmbades in Clermont-Ferrand hat man einen vulkanischen Sand entdeckt, den man auf das Jahr 1050 ± 120 Jahre (n. Chr.) datierte. Vielleicht handelt es sich um Asche eines Kraters der Chaîne des Puys. Dieser Ausbruch hätte während der Regierungszeit des kapetingischen Königs Heinrich I. stattgefunden. Gewisse regionale Schriften aus dieser Zeit erzählen von „Bränden, Erdbeben, Flammen, die Berge unter Bergen von Asche begruben". Es ist merkwürdig, daß einige Namen in der Auvergne an Vulkanismus erinnern, wie etwa Volvic: Vulkan, Puy de l' Enfer: Bergkuppe der Hölle, oder Coulan Rond: runder Krater. Dieser Ausbruch in neuerer Zeit bleibt momentan sehr umstritten, und es werden weitere Untersuchungen durchgeführt.

Vielleicht werden wir in ein paar Jahren eine genaue Chronologie der Tätigkeit der Chaîne des Puys erstellen können, aber einstweilen müssen wir uns mit diesen einzelnen Ergebnissen zufrieden geben.

Die Datierungen lassen eine zeitliche Polarität der Vulkane der Chaîne des Puys erkennen. Im Norden sind sie älter als im Süden. Je mehr man sich den meridionalen Kuppen nähert, umso jünger sind sie. Die Polarität ist also Nord-Süd.

Petrographie – Magmatologie

Man findet hauptsächlich drei Gesteinstypen:

1) Basalte und Trachybasalte (z. B.: Lavastrom der Puys de la Vache und de Lassolas);
2) Trachyandesite (z. B.: Lavastrom des Puy de la Nugère);
3) Trachyte (z. B.: Domit des Puy de Dôme).

Basalte, Trachyandesite und Trachyte bilden eine kontinuierliche magmatische Abfolge, die von einem basischen Glied, dem Basalt, zu einem sauren Glied, dem Trachyt, übergeht; Trachyandesit und Trachybasalt sind Zwischenglieder zwischen diesen beiden Extremen. Magmatologisch gesehen könnte man meinen, daß es in der Tiefe einen alkalischen Basalt gibt, der durch Assimilation von Material aus dem granitischen Sockel saures Gestein gebildet hat.

Gravimetrische Messungen haben den Beweis erbracht, daß eine sehr oberflächennahe Magmakammer unter der Chaîne des Puys existiert. Sie erstreckt sich vom Aydat-See im Süden bis zum Nugère-Paß im Norden; ihr Dach befindet sich an manchen Orten nur 200 m unter der Sockeloberfläche. Ihre Mächtigkeit beträgt 1 km.

In diese Studie schließen wir die Vulkane ein, welche die Chaîne des Puys im Massiv des Mont-Dore fortsetzen, d. h. die Chaîne du Montchal.

Exkursionen

Gour de Tazenat**

20 km nordwestlich von Riom
leicht erreichbar
geologisch interessant: Maar, Auswurfmassen
Mindestdauer: eine Stunde

Wenn man von Riom aus die D 27 nimmt, biegt man 1,5 km vor Manzat rechts in die D 19, die bis auf wenige Meter vor den Gour de Tazenat führt. Das ist ein großer See von 700 m Durchmesser und 66 m Tiefe. Die West-, Nord- und Südflanken sind wie mit einem Locheisen steil in die primären porphyrischen Tuffe eingeschnitten. Es handelt sich um einen typischen Explosionskrater, den man auch wegen seiner Ähnlichkeit mit den Eifel-Kratern (Deutschland) Maar nennt. Die nördliche Hälfte des Sees ist von einem breiten Halbkreis vulkanischer Schlacken umgeben. Um das Maar herum sieht man gutgeschichtete Decken einer recht heterogenen Mischung aus Puzzolanerde, Basaltblöcken und Gesteinen des Grundgebirges (60%), Granit, Granulit und Tuff, die aus dem Schlot herausgefegt wurden.

Wenn man den See von der Nordseite entlang des Weges wandert, bemerkt man die Wechselfolge von lava- oder grundgebirgsreichen Lagen und von vulkanischen, blumenkohlartigen Bomben, charakteristisch für den Kontakt mit Wasser, und von Blöcken, die von kleinen Glutwolken zeugen. Diese Serien sind besonders deutlich am Ende des Weges, östlich des Sees.

Man kann die Geschichte des Gour de Tazenat wie folgt zusammenfassen:

Erste Periode: ein basaltisches Magma steigt in einer Grundgebirgsspalte auf, an der Oberfläche kommt es in Kontakt mit einem Fluß; augenblicklich erstarrt es und der Gasdruck erhöht sich im oberen Teil des Magmastromes; wenn dieser Druck höher als die Festigkeit des durch das Wasser erstarrten Magmapfropfens wird, erfolgt eine starke Explosion, die das Grundgebirge zersprengt und basaltische Lapilli, gemischt mit Blumenkohlbomben, Granitblöcken und Tuff liefert. Das Flußwasser erhärtet erneut die Oberfläche des Magmapfropfens, der Gasdruck steigt, es erfolgt eine weitere Explosion usw. Allmählich formt sich das Maar, und der Ring der Pyroklastika in Tazenat nimmt Gestalt an.

Zweite Periode: die Tätigkeit hört auf, der Gour de Tazenat füllt sich mit Regen- und Sickerwasser.

Sauterre**

35 km nordwestlich von Clermont-Ferrand
leicht erreichbar
Geologisch interessant: Peridotitknollen
Mindestdauer: eine Stunde

Man nimmt die N 141 ab Clermont-Ferrand und nach 16 km beim Weiler Le Cratère die D 90 und dann die D 50, die nach Sauterre führt. Genau am Eingang des Dorfes führt links ein Weg nach 1 km zu einer offenen Grube in einem Basaltsteinbruch. Unzählige Peridotiteinschlüsse jeglicher Größe finden sich in dem Basalt. Gneiseinschlüsse begleiten die grünen Peridotite. Es handelt sich um mehrere Basaltströme, die sich miteinander vermischten. Im nördlichen Teil der Grube gibt es keine grünen Olivinknollen, aber man stellt fest, daß es ziegelrote Massen gibt, die das Resultat der Peridotitverwitterung sind. Die mineralogische Analyse zeigt, daß Iddingsit und Goethit für die ziegelrote Farbe verantwortlich sind.

Diese Umwandlung von Peridot zu Tonmineralien konnte nur unter einer Verminderung des Magnesiumgehaltes und einer Zufuhr von Calcium und besonders Eisen stattfinden.

Der Vulkan von Sauterre ist ein sehr schönes Beispiel einer „natürlichen Bohrung“ in den Erdmantel, weil die Peridotite und die Gneiseinschlüsse, die vom Vulkan gefördert wurden, wahrscheinlich aus großen Tiefen stammen.

Puy de Pogniat**

20 km nordwestlich von Clermont-Ferrand
leicht erreichbar
Geologisch interessant: Schlackenkegel, Auswurfmassen, vulkanische Bomben
Mindestdauer: eine Stunde

Wenn man die N 141 ab Clermont-Ferrand nimmt und nach 16 km im Weiler Le Cratère die D 90 und dann die D 16, kommt man zu dem Dorf Pogniat. Die Bergkuppe liegt südöstlich; es ist ein Hügel von 100 m Höhe mit einem hufeisenförmigen Krater im Norden, dem mehrere kleine Basaltlagen entströmten. Eine große Grube schneidet die nordöstliche Seite des Vulkans ab. Man kann hier ausgezeichnete vulkanische Bomben aller Größen sammeln, oft von perfekter Spindelform. Man sieht auch einige schöne Aschenablagerungen. Im Grunde ist es ein sehr schöner Schnitt durch den inneren Aufbau eines strombolianischen Kegels.

Vom Puy de la Nugère nach Volvic***

20 km nordwestlich von Clermont-Ferrand
sehr leicht erreichbar
Geologisch interessant: Krater, Lavaströme, Lavasee, Auswurfmassen, Gruben, Quellwasserabfüllung
Mindestdauer: zwei Stunden

Der zum größten Teil bewaldete Nugère war der erste Berg, der von J. E. Guettard 1751 in der Auvergne als Vulkan erkannt wurde. Der Vulkan Nugère ist sehr komplex, weil sich ein strombolianischer Kegel, ein Aschenkranz, ein Lavasee und 6 Lavaströme vermischen und überlagern. Das geförderte Material reicht von Trachyten (Anfangsaktivität) über Trachyandesite und Trachybasalte bis zu Basalten. Der Vulkangipfel zeigt einen gegen Osten klaffenden Krater von 82 m Tiefe; vier strombolianische Kuppen, aus denen sich Lavaströme ergossen, haben ihren Ursprung in diesem Krater, dessen Grund ein alter Lavasee füllt. Auf der Ostflanke der Kuppe erkennt man noch die z. T. verschütteten Überreste der zwei ältesten strombolianischen Vulkane des gesamten Nugère-Komplexes; sie förderten während ihrer explosiven Tätigkeit trachytische Asche, Sockelfragmente und alte Basalte.

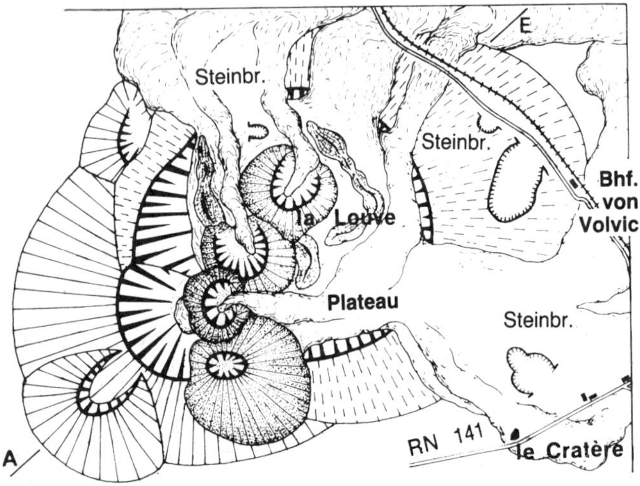

Abb. 10 Detail der Krater von la Nugère (nach Parc naturel régional des volcans d'Auvergne – Volcanologie de la Chaîne des Puys. – Découverte de la nature, 8. – Clermont-Ferrand, 1975)

Man erreicht leicht den Vulkan des Puy de la Nugère, wenn man die N 141 in der Nähe des Vulkans verläßt und einen Weg in nördlicher Richtung nimmt, der durch den Wald bis zum Hauptkegel führt. Nördlich des Dorfes Le Cratère befindet sich eine Grube in einem trachyandesitischen Lavastrom. Der beste Aufschluß für ein Studium des Aschenkranzes der Nugère ist der große Betrieb gegenüber dem Bahnhof von Volvic. Schließlich ist die Grube am nördlichen Fuß des Puy de la Louve in einen 40 m mächtigen massiven Trachyandesit eingeschnitten, der Zeuge eines zeitweiligen Lavasees ist, der den Aschenkranz der Nugère ausgefüllt hat.

Der Vulkan der Nugère hat sechs Lavaströme gefördert, die alle in das Tal östlich des Vulkans flossen. Sie haben sich alle überlagert und sind durch Asche- und Puzzolanschichten voneinander getrennt. Eine ausführliche Untersuchung der Ergußabfolge wurde durch eine Bohrung, die im Jahre 1889 500 m westlich von Volvic vorgenommen wurde, sehr erleichtert. Unter einem Lavastrom wurden Rinderknochen entdeckt, die das junge Alter dieser Ergüsse beweisen. Das Profil der Ergüsse wurde im Jahre 1927 noch genauer erfaßt, als ein Sammelstollen für Wasser von 700 m Länge in die Lavaströme gegraben wurde, um eine unterirdische Wasserader zu erreichen. Das Wasser, das in dem vulkanischen Gestein festgehalten war,

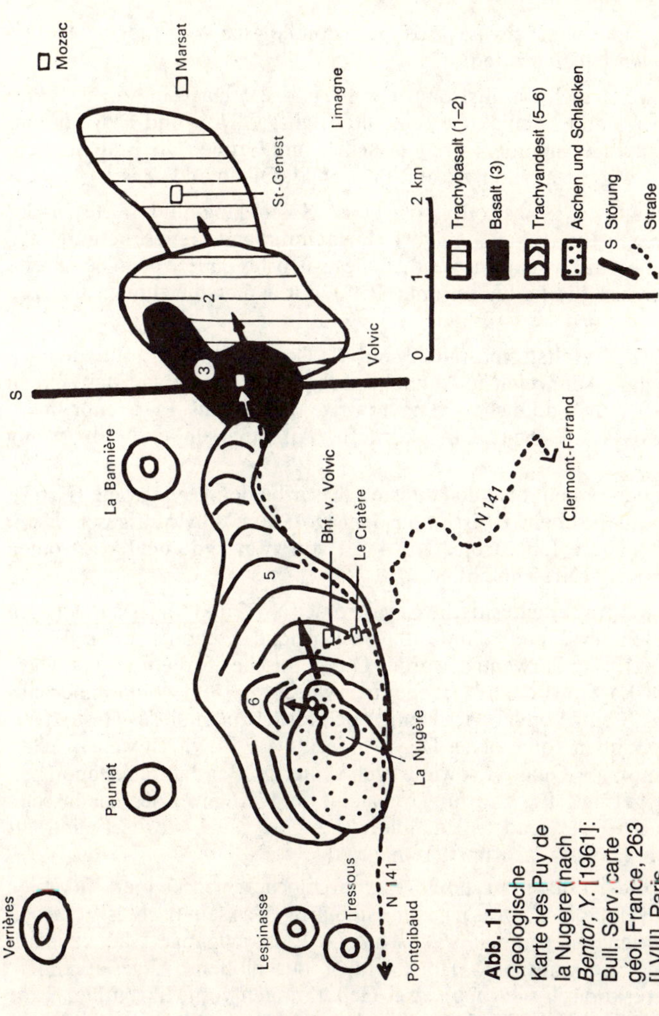

Abb. 11 Geologische Karte des Puy de la Nugère (nach *Bentor, Y.* [1961]: Bull. Serv. carte géol. France, 263 [LVIII], Paris [Béranger])

sprudelte dann mit hoher Schüttung, die sich bei 200 l/s stabilisierte und heute 800 m westlich von Volvic austritt. Dieses sehr reine Wasser führte zur Gründung einer bedeutenden Gesellschaft, die in ganz Frankreich ihr Volvic-Wasser vertreibt. Daß dieses Wasser rein ist, rührt daher, daß es von mächtigen Vulkanitschichten des Nugère-Vulkans gefiltert wurde.

Man kann die sechs Lavaströme chronologisch vom Liegenden zum Hangenden einordnen:

- Zwei Trachybasaltströme (Nr. 1 und 2). Das Gestein ist grauschwarz und kompakt; es enthält Augit-, Olivin- und Bytowniteinsprenglinge; sie überschreiten nicht 3 mm Größe. Die Matrix ist ein feines Aggregat von Pyroxen, Plagioklas, Olivin und Glas.

Der älteste Lavastrom (Nr. 1) ist 8 km lang und hörte in der Limagne-Ebene bei dem Dorf Marsat auf. Saint-Genest befindet sich auf diesem Lavastrom; westlich dieses Dorfes endete auch der zweite trachybasaltische Lavastrom (Nr. 2), der den ersten zum großen Teil zudeckt.

- Zwei Basaltströme (Nr. 3 und 4). Das Gestein ist grau, ziemlich kompakt, sehr reich an Augiteinsprenglingen von bis zu 5 mm, Olivin und Bytownittäfelchen. Die Matrix besteht aus Pyroxenprismen, Plagioklastäfelchen, Olivinkörnern, Apatitnadeln und sehr wenig Glas.

Nur den ersten, also den ältesten dieser beiden Lavaströme (Nr. 3), kann man sehen. Er ist unter dem Dorf von Volvic aufgeschlossen. Der jüngere Lavastrom (Nr. 4) ist von zwei anderen Lavaströmen überdeckt (Nr. 5 und 6).

- Zwei trachyandesitische Lavaströme (Nr. 5 und 6). Es handelt sich um den berühmten „Andesit“ von Volvic, der schon seit dem 13. Jh. als Baustein verwendet wurde. Die gothische Kathedrale von Clermont-Ferrand, die 1248 begonnen wurde, besteht vollkommen aus dem „Stein“ von Volvic. Heute noch fördert man dieses Gestein aus den Gruben von Volvic. Der „Andesit“ von Volvic ist wegen seiner technischen Qualität sowie wegen seiner großen Säurebeständigkeit sehr gefragt. Er wird für Grabsteine und Tröge in der chemischen Industrie verwendet. Emailliert dient er als Labortisch und als Grundlage für das Künstleremail.

Das Gestein ist grau, homogen, durchlöchert von kleinen Vakuolen unregelmäßiger Form, fast bimssteinartig, was sein leichtes Verarbeiten erlaubt. Es enthält praktisch keine Einsprenglinge. Man kann nur einige Andesine und Hornblenden mit bloßem Auge erkennen. Mikroskopisch sieht man zwei Generationen von Mikrolithen. Eine erste mit Andesintäfelchen und Hornblenden und eine zweite, sehr feine mit Oligoklas, Alkalifeldspat, Pyroxen und ein wenig hellem Glas.

Diese zwei Lavaströme (Nr. 5 und 6) wurden wahrscheinlich fast zur gleichen Zeit gefördert, der eine an der Basis des Hauptkegels, den er, außer auf der Südwestseite, umgeben hat, der andere durch den östlichsten Nebenkegel.

In allen Gruben oberhalb von Volvic ist es sehr leicht, Trachyandesitproben zu sammeln.

Man kann die Geschichte des Puy de la Nugère wie folgt zusammenfassen:

Erste Periode: zwei strombolianische Kuppen entstehen. Sie haben eine ziemlich explosive Tätigkeit und fördern Trachyte, Grundgebirgsfragmente und alte Basalte; nachträglich wird das Magma durch chemische Veränderung trachyandesitisch: das ist der alte Nugère.

Zweite Periode: es bildet sich ein großer basaltischer strombolianischer Kegel, der teilweise die zwei vorhergehenden bedeckt. Vier basaltische Lavaströme werden nacheinander gefördert. Sie laufen alle in östlicher Richtung (Nr. 1, 2, 3, 4): das ist der große Nugère.

Dritte Periode: eine starke trachyandesitische Explosionsphase findet statt; es bildet sich ein Aschenkranz, der den ganzen westlichen Teil des alten Nugère bedeckt; nachträglich bildet sich dort ein Lavasee: dies ist der neue Nugère.

Vierte Periode: der Lavasee läuft im Norden und im Osten aus, er führt zu einigen kleineren Lavaströmen und erstarrt. Vier strombolianische Kuppen bilden sich auf dem See (z. B. Puy de la Louve) und fördern zwei trachyandesitische Lavaströme (Nr. 5 und 6), die sich in östlicher Richtung ergießen.

Puys des Gouttes und Puy Chopine**

14 km nordwestlich von Clermont-Ferrand
ziemlich schwer erreichbar
Geologisch interessant: strombolianische Kuppe, Krater, Trachytnadel, Glutwolkenablagerungen
Mindestdauer: zwei Stunden

Nimmt man die N 141 B in Richtung Pontgibaud und schlägt kurz nach dem Goules-Paß und vor dem Puy dc Lantéguy im Norden den Weg in Richtung Vauriat ein, dann kommt man zu dem Puy des Gouttes und dem Puy Chopine. Der Puy des Gouttes hat die Form eines großen Hörnchens, das auf der Nordseite geöffnet ist. Es ist ein Schlackenkegel mit sanften Außenhängen, durchzogen von radialen Schluchten und steilen Innenhängen. Er hat eine Höhe von 1134 m. Die Auswurfmassen, die ihn bedecken, sind mal Augit- und Olivintrachybasalte, mal Biotit- und Augittrachyte. Unter den letzteren findet man oft schöne Brotkrustenbomben. Ein Lavastrom von schwarzem Basalt mit Olivin- und Pyroxeneinsprenglingen hat sich im Westen bis nach Fontêtes ergossen. Er unterbricht in seiner Mitte die Einbuchtung des Puys des Gouttes, hat einen explosiven

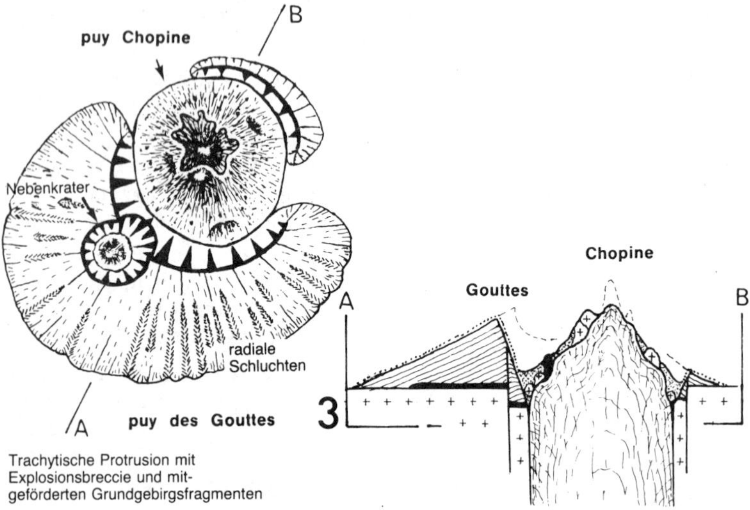

Abb. 12 Karte und Schnitt des Komplexes Gouttes–Chopine (nach *Vincent* et al., 1975); (nach Parc naturel régional des volcans d'Auvergne – Volcanologie de la Chaîne des Puys. – Découverte de la nature, 8. – Clermont-Ferrand, 1975)

Ursprung und gehört zur Geschichte vom Chopine, da er wahrscheinlich zur gleichen Zeit wie der Explosionskrater entstanden ist, aus dem die Trachytnadel ragt. Mitten im Halbkreis des Puy des Gouttes erhebt sich vom Wald verdeckt der Puy Chopine, eine große Pyramide von 150 m Höhe und 600 m Durchmesser an der Basis. Ein sehr enges Tal von 50 m Tiefe trennt beide Vulkane. Der Puy Chopine, dessen Hänge mancherorts sehr steil sind, erreicht 1181 m Höhe und überragt den Puy des Gouttes um ca. 50 m. Er besteht aus grauem Trachyt mit Feldspateinsprenglingen, Biotitblättchen und Pyroxenprismen, aber auch aus großen Stücken des Grundgebirges (Granit, Diorit, Hornfels), die 200 m über ihrer normalen Höhe liegen, was die große Eigenart des Chopine bewirkt. Ein kleiner Weg führt durch das Tal, trennt Gouttes von Chopine und leitet zum Gipfel des letzteren. Die Grundgebirgsblöcke verteilen sich besonders auf den Hang südlich der Chopinenadel, da die nördliche Seite hauptsächlich aus Trachyt besteht.

Man hat mehrere Hypothesen zur Genese dieser beiden Vulkane vorgeschlagen.

Jedoch kann die Geschichte dieser zwei Puys von Gouttes und von Chopine folgendermaßen zusammengefaßt werden:

Erste Periode: eine effusive Phase liefert einen Basaltstrom, der in westlicher Richtung läuft. Wiederholte Explosionen haben die Bildung des trachyandesitischen Schlackenkegels des Puy des Gouttes zur Folge.

Zweite Periode: ein Explosionskrater von 600 m Durchmesser öffnet sich an der heutigen Stelle des Chopine, indem er den strombolianischen Kegel des Gouttes glatt ausschneidet und nur die südliche Hälfte und einen ganz kleinen Teil der Nordflanke übrigläßt. Die trachytischen Glutwolken, die während einer Paroxysmalphase ausgestoßen wurden, bedecken eine Fläche von 20 km^2 um den Krater herum. Mächtige Blöcke wurden bis an den Fuß des Puy de Louchadière, 2 km davon entfernt, mitgeschleppt. Natürlich ist der ganze Halbkreis des Puy des Gouttes unter den Glutwolken verschüttet, die teilweise seine Außenflanken heruntergelaufen sind und radiale Schluchten ausgegraben und ihm damit sein charakteristisches „Sonnenschirm-Relief" gegeben haben; die Tätigkeit wurde von einigen Schlammströmen begleitet. Die Ablagerungen konnten dank verkohlter Holzstücke mit der C^{14}-Methode datiert werden: sie haben ein Alter von 8250 Jahren. Angemerkt sei, daß diese Paroxysmalphase sehr stark gewesen sein muß, weil man trachytische Bimssteinablagerungen des Chopine am Chalain-See (Jura) und sogar am Bodensee (Schweiz) festgestellt hat. Während dieser Explosionsphase wurde der Grundgebirgssockel gespalten, aber die zu schweren Granitplatten wurden nicht aus dem Krater herausgeschleudert.

Dritte Periode: nachdem das Magma einmal entgast ist, steigt eine sehr viskose Trachytnadel wie ein Kolben aus dem Schlot und schiebt die Produkte, die den Schlot verstopfen, vor sich her oder reißt sie mit sich zum Gipfel, insbesondere die Grundgebirgsblöcke, die so 200 m über ihrem normalen Höhenniveau liegen. Eine Fumarolentätigkeit beendet diesen Zyklus.

Puy de Sarcouy und Kleiner Puy de Sarcouy**

14 km nordwestlich von Clermont-Ferrand
leicht erreichbar
Geologisch interessant: Staukuppe, Schlackenkegel, Glutwolkenablagerungen, Lavastrom
Mindestdauer: zwei Stunden

Nimmt man die N 141 B von Clermont-Ferrand aus in Richtung Pontgibaud, so kommt man nach 11 km zu der Südseite des strombo-

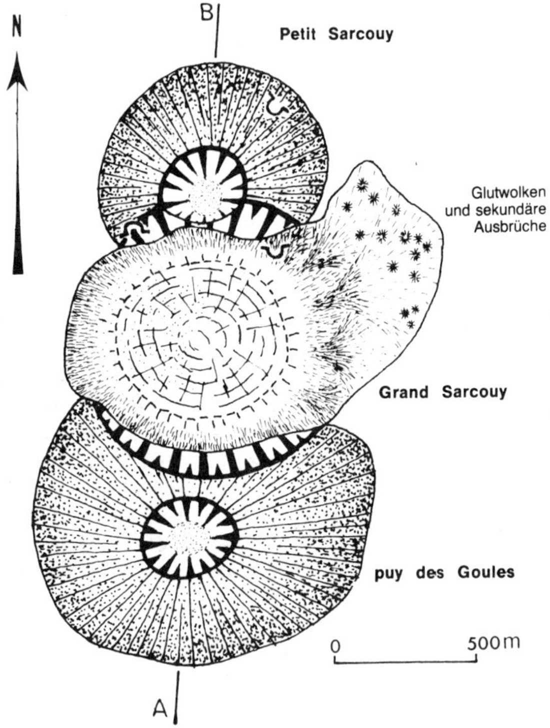

Abb. 13 Karte des Komplexes Goules–Sarcouy (nach Parc naturel régional des volcans d'Auvergne – Volcanologie de la Chaîne des Puys. – Découverte de la nature, 8. – Clermont-Ferrand, 1975)

lianischen Kegels des Puy des Goules, der leicht zu besteigen ist und der den Puy de Sarcouy verdeckt. Man kann den Sarcouy auf der Nordseite, über die D 52 E und die D 90 E umgehen.

Der Puy de Sarcouy, den man auch „Chaudron = Kessel" nennt, hat eine Höhe von 1147 m und wird von einer regelmäßigen, am Gipfel leicht abgeplatteten Kuppel von 250 m Höhe und 800 m Durchmesser gebildet. Es handelt sich um eine Staukuppe, die eine charakteristische „Zwiebel"-Struktur aufweist. Das Gestein, das die eigentliche Kuppe aufbaut, ist ein weißer, kreidiger Trachyt; man erkennt Feldspat- und Biotiteinsprenglinge. Dieses kompakte Gestein ist an den unteren Seiten der Kuppe von einer dicken trachytischen

Aschenschicht bedeckt (Brekzienmantel). Die Besichtigung des Puy des Sarcouy ist bequem. 200 m rechts, vor dem Goules-Paß, führt ein Weg ostwärts um den Puy des Goules, und man erreicht den Grand Sarcouy von der Südseite her. Wenn man die Südwestflanke der Kuppe besteigt, erblickt man eine Höhle, die in den Trachyt gehauen wurde. Sie diente zur Förderung und zur Sarkophagherstellung im Mittelalter. Sarcouy kommt von dem Wort Sarkophag. Es gibt in der Höhlenumgebung Steinbrüche; sie wurden von den Römern in den Vulkanaschen angelegt. Längs der Risse bemerkt man rote Hämatit-Imprägnationen, die aus vulkanischen Gasen abgelagert wurden.

Besteigt man die Kuppe, wird die Aschenschicht immer dünner und läßt den kompakten Trachyt der eigentlichen Vulkankuppe zum Vorschein kommen. Vom Gipfel aus hat man eine prächtige Aussicht über die gesamte Chaîne des Puys.

Wenn man die D 52 E auf der Nordwestflanke des Sarcouy verläßt und in Richtung einer Grube geht, kann man einen guten Aufschluß der Aschen besichtigen.

Die älteste Schicht, die kürzlich von dem Betrieb erreicht wurde, liegt auf basaltischen Schlacken des kleinen Sarcouy. Es handelt sich um geschichtete ockerfarbene Tuffe, reich an Grundgebirgsfragmenten, trachytischen Lapilli und basaltischen Bruchstücken, die von der explosiven Anfangsphase der Sarcouykuppe zeugen. Darüber erscheinen Brekzien, die von lawinenartigen Wolken stammen, und Ablagerungen großer Blöcke, Zeugen von Glutwolken, die dem Vulkan entwichen. Auf dem Gipfel befinden sich 4 bis 5 m sehr fester weißer Asche, die man in der Ebene über 20 ha verfolgen kann: es handelt sich um eine besonders dichte Glutwolke, die ziemlich weit nach Osten getrieben wurde und sogar eine kleine Wasserfläche verdampfte, wie die ca. 15 verstreuten Erhebungen (2 bis 3 m hoch), verursacht durch phreatische Explosionen, belegen.

Sich an die Nordflanke der Kuppe schmiegend, besteht der Kegel des Petit Sarcouy hauptsächlich aus schwarzen basaltischen Auswürflingen mit Pyroxen- und Olivinkristallen. Ein Steinbruch schneidet die Nordflanke dieses strombolianischen Kegels an. Da die D 52 E am Fuß des Abbaus vorbeiführt, ist er leicht zu erreichen. Man beobachtet dort eine Fazies, die dem Kern eines strombolianischen Kegels entspricht.

Ein Basaltstrom von 2 km Länge hat sich vom nordöstlichen Fuß dieses Kegels ausgehend in Richtung Chanat ergossen.

Man kann die Geschichte des Sarcouy folgendermaßen zusammenfassen:

Erste Periode: Entstehung des strombolianischen Kegels des Petit Sarcouy, mit einem Basaltstrom in nordöstlicher Richtung.

Zweite Periode: starke explosive Phase, die zur Zerstörung der Südflanke des Petit Sarcouy und des Nordfußes des Puy des Goules führt; Entstehung eines Walls von geschichteten Tuffen.

Dritte Perode: Platznahme der trachytischen Staukuppe des großen Sarcouy inmitten des Walls, Aufbau des Brekzienmantels und Eruption von lawinenartigen Glutwolken. Beim Versiegen der Lava senkt sich der Gipfel der Kuppe ein. Nachträglich bedeckt die Glutwolke des Puy Chopine die Westflanke des Sarcouy.

Puy de Pariou**** (Farbbild 12, S. 152)

10 km westlich von Clermont-Ferrand
sehr leicht erreichbar
Geologisch interessant: ineinandergeschachtelte Krater, Lavaströme, Auswurfmassen, Panorama
Mindestdauer: zwei Stunden

Nimmt man die N 141 B in Richtung Pontgibaud, gelangt man nach 10 km zum Goules-Paß. Südlich der Straße ragt der Puy de Pariou mit 1210 m empor. Es ist der vollkommenste Krater der Auvergne.

Der Puy de Pariou besteht aus einem großen, die umliegende Ebene um 250 m überragenden Kegel. Auf dem Gipfel ist ein runder Krater von 200 m Durchmesser und 90 m Tiefe vollkommen erhalten, in dessen Tiefe die gelehrte Versammlung der Société géologique de France am 30. August 1833 während einer denkwürdigen geologischen Wanderung fröhlich feierte.

Dieser Kegel besteht aus trachyandesitischen grau-bläulichen Gesteinen mit vielen Feldspateinschlüssen (älteren Ursprungs), die in einer glasigen Grundmasse schwimmen.

Dieser Vulkanapparat, „der neue Pariou“, hat sich exzentrisch auf einen anderen Vulkan, „den alten Pariou“, aufgebaut.

Letzterer bestand aus einem Kegel, an dessen Gipfel sich ein größerer Krater als der des neuen Pariou befand. Westlich und nördlich des heutigen Kegels erkennt man noch gut den Rand dieses alten Kraters, der vom Vulkan des „neuen Pariou“ durch ein Tal oder Atrio getrennt ist. Diese tiefergelegene Zone zwischen beiden Kratern erinnert ein bißchen an die Stellung der Somma und des Vesuvs (Italien); deswegen nennt man den Pariou oft den „Vesuv der Auvergne“.

Hingegen im Osten und Süden überlagern die Gesteine des „neuen Pariou“ den alten Krater. Die Förderprodukte des „alten Pariou“ bestehen aus schwarzen Trachyandesiten mit Andesin- und Hornblendekristallen, die in einem hellbraunen Glas verteilt sind. Diese trachyandesitischen Schlacken findet man zusammen mit schwarzen Trachybasalten, mit Pyroxen-, Olivin- und Labradoriteinsprenglingen (Phänokristallen).

Der Pariou hat drei Lavaströme gefördert, zwei im Osten, einen im Norden:

• Zwei Lavaströme gehen von der südöstlichen Basis des Vulkans aus, sie überlagern sich. Der erste Strom (Nr. 1) besteht aus Trachybasalt und dehnt sich in südöstlicher Richtung bis nach Orcines aus. Das Gestein ist grauschwarz, mit Augit-, Olivin- und Bytownitphänokristallen.

Der andere Strom (Nr. 2), der den ersten bedeckt, besteht aus Trachyandesit; er ist östlich von Orcines zweigeteilt. Ein Arm erreichte Nohanent, der andere hörte in Chamalière vor Clermont-Ferrand auf. Der Lavastrom hat eine Gesamtlänge von 8 km. Das Gestein ist grau, sehr hell und zeigt einige wenige Labradorit- und Hornblendephänokristalle, die bis zu 1 cm Länge erreichen. Die Grundmasse hat sich in zwei Kristallisationsphasen gebildet und enthält Labradorit, Hornblende sowie Orthoklas-, Anorthoklas-, Pyroxen- und Olivinmikrolithe. Diese Lava ist sehr blasenreich, und alle Vakuolen sind fluidal angeordnet. Man kann schöne Proben dieses Gesteins am Rand der N 141 B, am westlichen Ausgang von Orcines, wo die Straße den Lavastrom überquert, sammeln. Man hat diesen Lavastrom dank eines Kiefernholzbruchstückes, das man im Sand unter der Lava bei dem Dorf Nohanent gefunden hat, datieren können. Die C^{14}-Datierungsmethode ergab ein Alter von 8580 ± 350 Jahren. Diese Lava ist also vor weniger als 8930 Jahren ausgeflossen.

Der dritte Lavastrom (trachyandesitisch, Nr. 3) ist das Ergebnis der Entleerung eines Lavasees, der den Atrio einnahm. Er lief in Richtung Norden durch eine 200 m breite Bresche im „alten Pariou“, stieß dann auf den Puy des Goules und ergoß sich gegen Osten bis zur Fontaine du Berger. Das Gestein hat dieselbe Zusammensetzung wie der Lavastrom Nr. 2. Man findet nördlich der N 141 B, vor dem Goules-Paß, schöne Stücke dieser Lava in einigen aufgelassenen, in dem Lavastrom angelegten Steinbrüchen.

Die Besichtigung des Pariou-Vulkanapparates ist sehr interessant und leicht. Links der RN 141 B, aus Clermont-Ferrand kommend, befindet sich 350 m vor dem Goules-Paß ein Autoparkplatz. Von hier

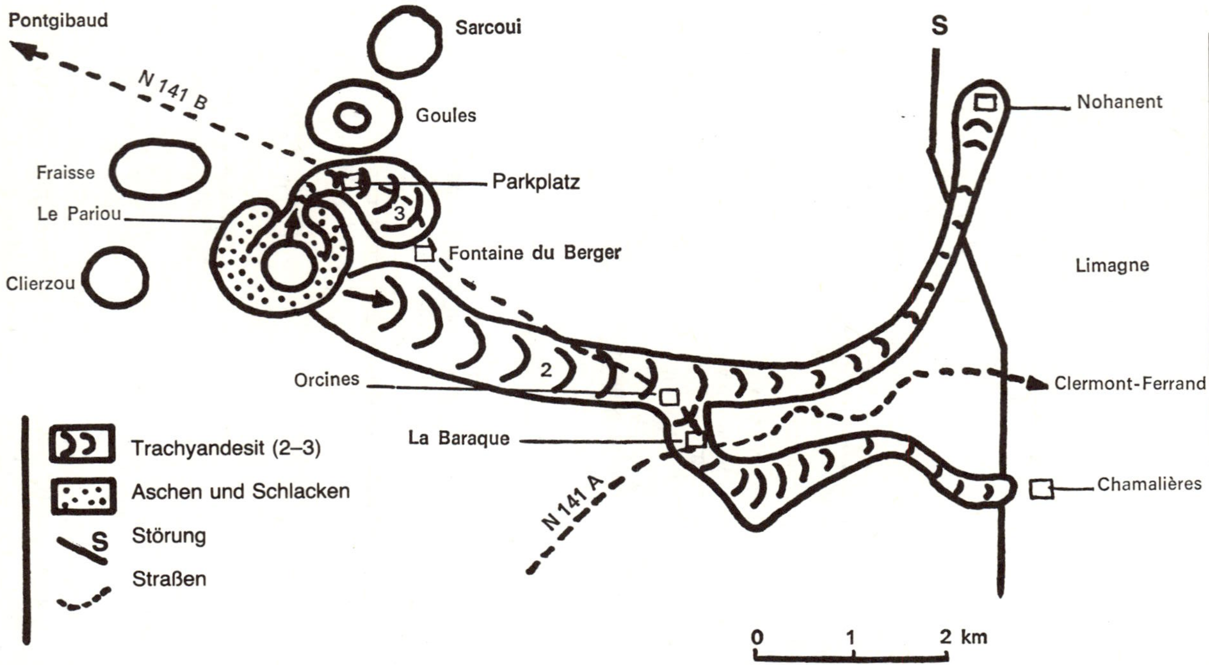

Abb. 14 Geologische Karte des Puy de Pariou (nach *Brousse, R., Delibrias, G., Labeyrie, J. und Rudel, A.* [1969]: Bull. Soc. géol. France, 7e série, 11, Paris)

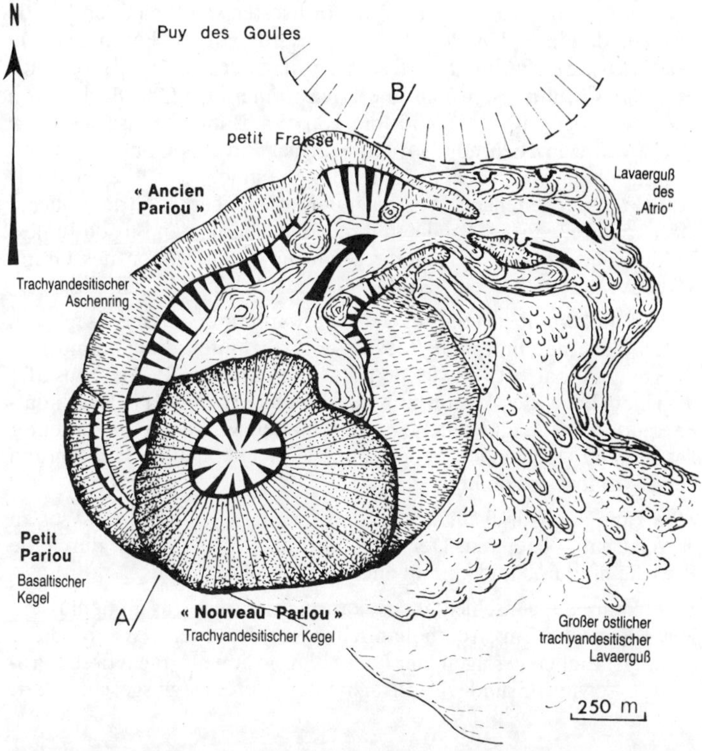

Abb. 15 Detailkarte des Kegels des Puy de Pariou (nach Parc naturel régional des volcans d'Auvergne – Volcanologie de la Chaîne des Puys. – Découverte de la nature, 8. – Clermont-Ferrand, 1975)

aus führt ein markierter Weg nördlich um den „alten Pariou“ und steigt dann auf der Südseite zum Kegel des heutigen Kraters.

Vom Gipfel aus sieht man im Südwesten sehr gut den beeindruckenden Puy de Dôme. Weiter gegen Westen erblickt man eine andere Kuppe, den Clierzou, dann den Puy de Côme, einen wunderbaren strombolianischen Kegel (Farbbild 11, S. 152); dahinter, rechts vom Puy de Dôme, erkennt man den Mont-Dore. Geht man zum Nordrand des Kraters, sieht man gut den Rand des „alten Pariou“, der sich im Norden wie ein Hörnchen öffnet. Man bemerkt den kleinen trachyandesitischen Lavastrom (Nr. 3), der den Durchbruch verursachte, um gegen Norden zu strömen, bevor er vom Puy des Goules nach Osten umgeleitet wurde. Im Nordwesten sieht man den Puy de Fraisse, dahinter den Puy de Lantéguy, der durch Puzzolanabbau zerstört wurde (Farbbild 17, S. 155). Südlich der RN 141 B, die nach Pontgibaud führt, sieht man die Lavaströme oder Oberflächen von Aa-Laven des Puy de Côme, die von Wald und Gebüsch bedeckt sind. Weiter in Richtung Norden liegt der Puy des Gouttes, die mit Wäldern bedeckte Nadel des Puy Chopine umgebend. Weiter rechts erblickt man den nach Westen hufeisenförmigen Puy de Louchadière, den Puy de la Coquille und seinen Zwilling, den Puy de Jumes. Zuletzt den Puy de la Nugère, genau links der Kuppe des Grand Sarcouy, hinter dem eingesenkten Krater des Puy des Goules.

Geht man zum höchsten Punkt des Pariou-Kraters, bemerkt man im Osten den metamorphen Sockel, der bis hinter die Fontaine du Berger sichtbar ist, sowie den Lavastrom (Nr. 2), der aus der östlichen Basis des Pariou kommt. Weiter erkennt man Clermont-Ferrand, die Limagne-Ebene mit ihren alten Vulkanen und darunter das Plateau (Hochebene) von Gergovie. Schließlich im Hintergrund den Livradois und den Forez.

Man kann den Rundgang um den Pariou mit dem markierten Weg an der Ostflanke beenden. Der Weg führt am Atrio entlang, durch die Bresche hindurch und kommt am Autoparkplatz heraus.

Man kann die Geschichte des Pariou wie folgt zusammenfassen: **Erste Periode:** Ein strombolianischer Kegel entsteht. Während der Anfangstätigkeit erfolgen hier heftige Explosionen, trachytische Produkte sowie Grundgebirgsfragmente werden ausgeschleudert;

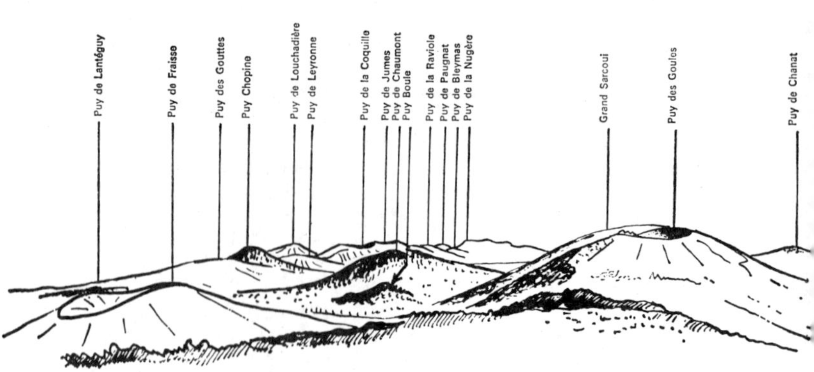

Abb. 16 Blick nach Westen und Norden vom Gipfel des Puy de Pariou (nach *Roche*; aus Parc naturel régional des volcans d'Auvergne – Puy de Pariou – Puy des Goules – Puy de Sarcoui. – Découverte de la nature, 1)

danach geht er zu einem basaltischen Chemismus mit ruhigerer Aktivität über und ergießt einen trachybasaltischen Lavastrom (Nr. 1) von 2 km Länge im Südosten. Der „kleine Pariou" ist entstanden.

Zweite Periode: eine bedeutende explosive Phase bildet einen trachyandesitischen Aschenwall, der den „kleinen Pariou" fast vollkommen verwischt und nur eine weiche Durchprägung am südöstlichen Fuß übrig läßt. Die Aschen fallen bis in das Becken von Clermont-Ferrand. Der alte Pariou ist geboren.

Dritte Periode: ein andesitischer, strombolianischer Kegel baut sich exzentrisch auf den südlichen Rand des alten Pariou und ergißt einen trachyandesitischen Lavastrom (Nr. 2), der in östlicher Richtung fließt, sich zweiteilt und die Limagne-Ebene erreicht. Der neue Pariou hat sich gebildet.

Vierte Periode: in dem Tal im Norden zwischen dem alten und dem neuen Pariou (Atrio) entsteht ein zeitweiliger Lavasee; er läuft über, bildet einen Durchbruch im nordöstlichen Wall des alten Pariou und ergißt sich in Form eines kleinen trachyandesitischen Lavastromes (Nr. 3), der gegen den Puy des Goules stößt und dann nach Osten umgeleitet wird, ehe er nach 1 km aufhört.

Puy de Dôme**** (Farbbild 13, S. 153)

15 km westlich von Clermont-Ferrand
sehr leicht erreichbar, aber Mautgebühr auf der Straße zum Puy de Dôme
Geologisch interessant: Staukuppe, strombolianischer Kegel, Lavaströme, Auswurfmassen, Panorama, Domit
Mindestdauer: ein halber Tag

Nimmt man die RN 141 A in Clermont-Ferrand, kommt man nach 9 km östlich am wunderbaren 1466 m hohen Puy de Dôme vorbei. Er bildet einen 550 m hohen und an der Basis 2 km breiten, imposanten Kegelstumpf, der auf einem Granitsockel ruht. Er ist der König der Chaine des Puys, der berühmteste französische Vulkan. Die geologische Untersuchung dieses Vulkankomplexes wird sehr erschwert durch die Vegetationsdecke, die ihn bedeckt und durch das Fehlen von Bohrungen und Steinbrüchen. Viele Vulkanologen haben sich für den Puy de Dôme interessiert. Im 19. Jh. gab ein deutscher Geologe dem Gestein, das den Puy de Dôme bildet, den Namen Domit; dieses Gestein war nach seiner Meinung nur wiederaufgeschmolzener Granit. Die Kuppe ihrerseits hätte sich durch das Aufblasen einer mächtigen Gasblase unter einer Schmelzmasse gebildet, die sodann auf 1466 m aufstieg. Da die Gasblase nicht zerspringen konnte, wäre so das Innere dieses Puy hohl!

Seriösere Hypothesen wurden ebenfalls vorgeschlagen. Sie beruhen auf petrographischen und morphologischen Beobachtungen am Puy de Dôme. Seinen Vulkanapparat kann man in vier Teile gliedern:

- der eigentliche Puy de Dôme, ohne den Krater;
- im Norden der Petit Puy de Dôme, mit dem Krater des Nid de la Poule;
- im Süden der Puy de Lacroix, mit einem sehr verwischten Relief;
- zuletzt acht Lavaströme.

Der eigentliche Puy de Dôme besteht aus zwei Gesteinsarten, die schwer zu unterscheiden sind: einem dichten Biotitdomit und staubiger domitischer Asche.

Der Biotitdomit ist ein weißer Trachyt mit kreideartiger Konsistenz. Die frische Probe ist hart, aber das Gestein zerfällt durch Verwitterung sehr rasch und ergibt eine staubige Masse, die schwer zu unterscheiden ist von den domitischen Aschen. Man findet in ihr Sanidineinsprenglinge von glasartigem Aussehen, von bis zu 2 cm Länge sowie Oligoklaseinsprenglinge und hexagonale Biotitblättchen von 3 bis 4 mm. Die Matrix enthält die gleichen Mineralien und dazu noch Tridymittäfelchen und Cristobalitkügelchen, die beweisen, wie kieselsäurereich der Domit ist. Dieses Gestein bildet die eigentliche Staukuppe. Man beobachtet es an der Südwestflanke des Vulkans und bei dem Autoparkplatz am Gipfel.

Man kann schöne Biotitdomit-Proben längs des kleinen Weges sammeln, der vom Ceyssat-Paß zum Gipfel des Puy de Dôme führt und der zerstückelte Domitblöcke anschneidet. Die Proben sind besonders schön in den Haarnadelkurven, in denen die Hangneigung 60° erreicht; man bemerkt auch glitzernde Hämatitkriställchen, welche die Spalten füllen.

Wenn dieser Biotitdomit nicht sehr häufig aufgeschlossen ist, so erklärt sich dies dadurch, daß er von einer enormen Menge domitischer Aschen bedeckt ist, deren Mächtigkeiten am Gipfel ein paar Dezimeter und an der Basis ein paar hundert Meter erreicht. Diese Gesteine sind grau, weich und staubig. Sie enthalten einige oft gerundete Feldspäte, Hornblende, und sind mit Cristobalit- und Tridymitkristallen übersät, die als tausend Pünktchen in der Sonne glitzern, was man nie bei dem Biotitdomit beobachtet. Diese Aschen sind oft geschichtet und können verschiedenen Ursprungs sein: Einbruch oder Erosion der Kuppe, Eruption von Pyroklastika. Man kann Proben dieser domitischen Aschen auf der ganzen (gebührenpflichtigen) Straße zum Gipfel entlang auflesen. Der Petit Puy de Dôme scheint an der Nordflanke des eigentlichen Puy de Dôme angewachsen zu sein. Auf seinem Gipfel befindet sich ein Krater: der

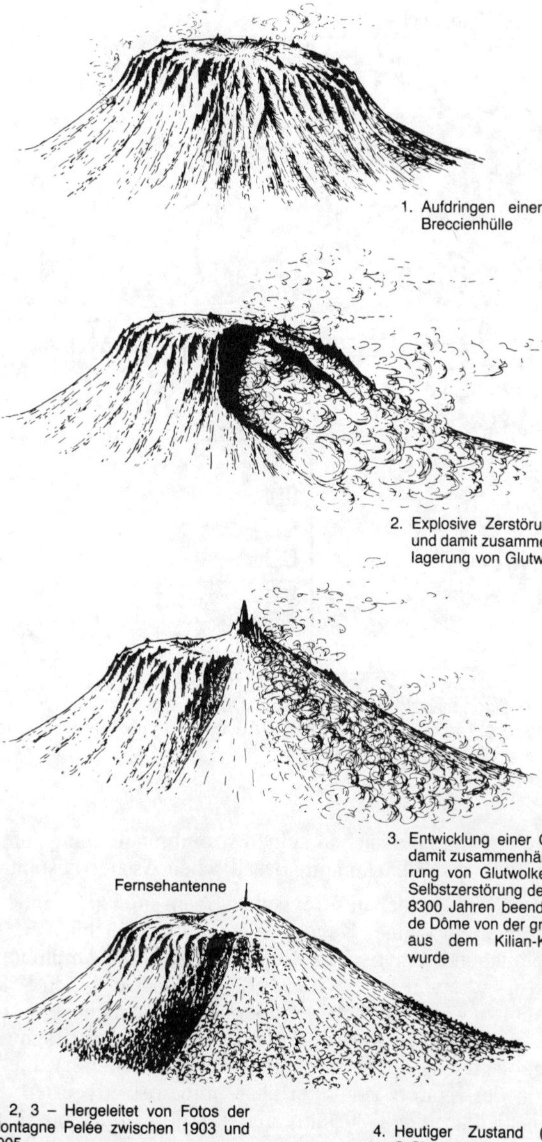

1. Aufdringen einer Staukuppe mit Breccienhülle

2. Explosive Zerstörung des Ostteils und damit zusammenhängende Ablagerung von Glutwolkenbreccien

3. Entwicklung einer Gipfelnadel und damit zusammenhängende Ablagerung von Glutwolkenbreccien. Die Selbstzerstörung der Nadel war vor 8300 Jahren beendet, als der Puy de Dôme von der großen Glutwolke aus dem Kilian-Krater bedeckt wurde

4. Heutiger Zustand (Ansicht von S-O)

1, 2, 3 – Hergeleitet von Fotos der Montagne Pelée zwischen 1903 und 1905

Abb. 17 Entstehung des Puy de Dôme (nach Parc naturel régional des volcans d'Auvergne – Volcanologie de la Chaîne des Puys. – Découverte de la nature, 8. – Clermont-Ferrand, 1975)

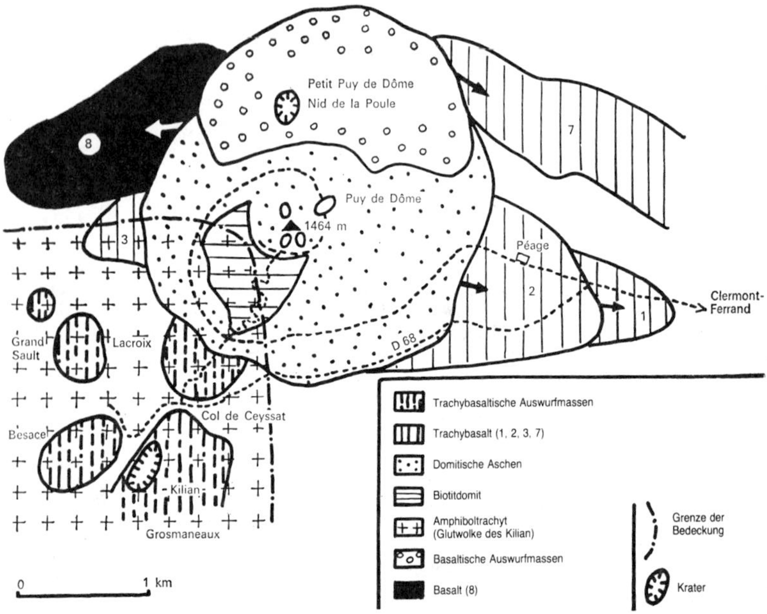

Abb. 18 Geologische Karte des Puys des Dôme, Ausschnitt (nach Parc naturel Parc naturel régional des volcans d'Auvergne – Le Puy de Dôme. – Découverte de la nature, 4; verändert)

Nid de la Poule. Es handelt sich um einen strombolianischen Vulkan, der ausschließlich aus Schlacken und basaltischen Aschen besteht.

Der Puy de Lacroix nördlich des Ceyssat-Paß, am südlichen Ende des Puy de Dôme, ist ein kleiner Kegel von basaltischen Schlacken, der von einer gelblichen trachytischen Bimssteindecke mit Amphibolnadeln bedeckt ist, die von dem 300 m langen und 40 m tiefen Krater stammt, der 500 m weiter südlich liegt: dem Kilian. Um diesen herum findet man zahlreiche Brotkrustenbomben sowie Basaltfragmente und Grundgebirgselemente (Granit, metamorphe Schiefer), die bei der Explosion des Kraters zur Oberfläche mitgerissen wurden. Die Glutwolke des Kilian, die 8320 Jahre alt ist, hat sich wie eine riesige Überschiebungsfläche verhalten, da sie ja bis zum Gipfel des Puy de Dôme hinaufstieg und den Puy de Côme im Norden und den Puy de Laschamps im Süden erreichte. Man kann leicht Proben dieser Decke um den Kilian-Krater und den Puy de Lacroix bei Ceyssat-Paß sammeln; man beachte auch einen kleinen Steinbruch am Rand der D 68, 160 m östlich des Passes, in der Nähe eines Transformators: hier kann man helle domitische Aschen mit großen eckigen Biotitdomit-Blöcken sammeln, diese Ablagerungen sind der Beweis für eine kleine Glutwolke aus dem Puy de Dôme.

Eine Besichtigung des Puy de Dôme empfiehlt sich unbedingt. Man kann entweder auf der gebührenpflichtigen Straße oder auf dem kleinen Weg vom Ceyssat-Paß aus hinaufkommen. Am Gipfel des Puy de Dôme kann man den gallorömischen Merkur-Tempel bewundern, der aus Lava vom Puy de Clierzou gebaut ist. Am Fuß der Fernsehantenne befindet sich eine Orientierungstafel, von der aus man das wunderbare Panorama vom Gipfel der Kuppe, die alle umliegenden Berge um 200 m überragt, bewundern kann.

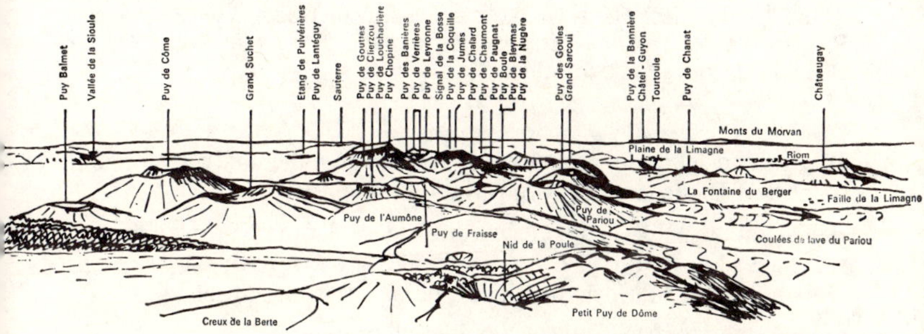

Abb. 19 Blick nach Norden vom Gipfel des Puy de Dôme (aus Parc naturel Parc naturel régional des volcans d'Auvergne – Le Puy de Dôme. – Découvertes de la nature, 4)

Im Norden sieht man unter anderem im Vordergrund: den Petit Puy de Dôme mit dem Nid de la Poule und weiter links die Puys de Côme, Gouttes, Chopine, Clierzou, Lochadière, Jumes und Coquille, Nugère, Goules, Sarcouy, Pariou und schließlich die Limagne-Ebene. Im Süden erblickt man von links nach rechts die Puys de Mey, de la Vache und de Lassolas (Farbbild 15), de Mercœur und de Laschamps; weiter den Plomb du Cantal, den Puy de Sancy, die Roches Tuilières und Sanadoire und schließlich die Banne d'Ordanche und die letzten Ausläufer des Mont-Dore. Die Vulkane der Chaîne des Puys in diesem südlichen Teil haben „aufgedunsene" Formen, weil sie von der riesigen Hornblende-Domitdecke bedeckt wurden. Im Osten dehnt sich die beeindruckende Ebene der Limagne aus mit der Stadt Clermont-Ferrand. Im Winter, bei klarem

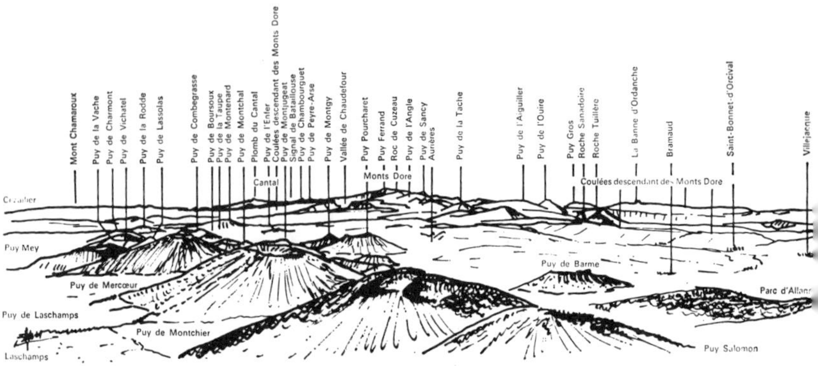

Abb. 20 Blick nach Süden vom Gipfel des Puy de Dôme (nach *Roche*; aus Parc naturel Parc naturel régional des volcans d'Auvergne – Le Puy de Dôme. – Découverte de la nature, 4)

Wetter und sehr früh am Morgen, kann man manchmal am Horizont den Mont-Blanc und den Mont-Maudit erkennen.

Am Anfang seiner Tätigkeit hat der Puy de Dôme-Komplex mindestens acht Lavaströme gefördert, die alle von Ost nach West flossen. Sieben davon sind trachybasaltisch, der achte ist basaltisch.

Man kann die Lavaströme chronologisch ordnen:

• Die sieben Trachybasaltströme bestehen aus einem grauen Gestein mit Augit-, Olivin- und Labradoriteinsprenglingen. Diese Mineralien sind je nach Strom mehr oder weniger häufig.

Die beiden Ströme (Nr. 1 und 2), die der Südostbasis des Puy de Dôme entströmten, haben nur geringe Ausdehnung. Der erste hörte am Enval-Weiler auf. Man findet gute Aufschlüsse 500 m westlich dieses Dorfes. Der zweite Strom liegt über dem ersten, seine Stirn wird an der Kreuzung der gebührenpflichtigen Straße mit der D 68 sichtbar. Die Lava des ersten Stromes ist sehr kompakt, die des zweiten Stromes leicht porös. Ein kleiner trachybasaltischer Lavastrom (Nr. 3) ist dem westlichen Ende des Puy de Dôme entströmt, er ist vollkommen überwachsen.

Die Ströme Nr. 4 bis 7 sind die interessantesten. Der Erguß Nr. 4 ist der längste und älteste und entstammt dem Nordosten des Puy de Dôme, dem Petit Puy de Dôme; er hat sich zuerst in einer flachen Zone breit ausgedehnt und ist dann dem Tal von Tiretaine bis nach Royat gefolgt. Seine Gesamtlänge beträgt 7,4 km. Am westlichen

Ausgang von Royat auf der D 68 auf dem Pont des Soupirs bei Fontanas kann man einige Proben auflesen. Dank einer Diatomitablagerung und Basaltaschenniederschlägen kann man das Alter dieses Ergusses auf mehr als 12 800 Jahre bestimmen. Der Erguß Nr. 5 aus derselben Spalte hat den selben Weg benützt, aber er hat weit vor Royat aufgehört. Er trägt einen fossilen Boden, der auf 11 000 Jahre datiert wird. Die Lava dürfte nicht sehr viel älter sein. Die Ergüsse Nr. 6 und 7 überlagerten die vorhergehenden, aber überschreiten nicht 2 km Länge. Sie sind natürlich jünger als die Ströme Nr. 4 und 5. Die RN 141 A schneidet sie im Norden von Enval, aber nur der Erguß Nr. 7 ist sichtbar.

• Ein Lavaerguß besteht aus einem schwarzen Gestein mit kleinen Pyroxen- und Olivineinsprenglingen. Dieser Erguß Nr. 8 breitet sich in sanftem Gefälle vom nordwestlichen Fuß der Kuppe aus. Er ist 1 km lang.

Man hat mehrere Rekonstruktionen der Entstehungsgeschichte des Puy de Dôme vorgeschlagen. Wenn man die verschiedenen Hypothesen in Betracht zieht, kann man die Ereignisabfolge derart zusammenfassen:

Erste Periode: Vor 11 000 Jahren öffnet sich eine lange Nordost-Südwest-Spalte am zukünftigen Standort des Puy de Dôme. Das Magma steigt an die Oberfläche. Eine explosive Tätigkeit verursacht strombolianische Kegel, deren Zeugen der Puy Lacroix und der Petit Puy de Dôme sind. Trachybasaltische Lavaströme fließen in Richtung Südost, Nordost und Südwest. Die acht Lavaströme (Nr. 1 bis 8) des Puy de Dôme-Komplexes nehmen ihren Platz ein.

Zweite Periode: eine sehr heftige explosive Phase baut einen Wall domitischer Aschen auf, schneidet die alten strombolianischen Kegel glatt ab und bedeckt sie teilweise. Das zähflüssige, von der vorherigen Tätigkeit entgaste Magma steigt dann langsam in den Wall auf und bildet die Domit-Staukuppe, umgeben von einem Aschen- und Brekzienmantel; sie wächst wie ein aufgehender Kuchen. Ihre Oberfläche bildet spitze, scharfe, radiale Bergkämme, die von Schluchten getrennt sind; hier und da ragen einige kleine Lavanadeln heraus; in diesem Stadium kann man sie mit der Kuppe der Soufrière auf Guadeloupe (Antillen) vergleichen. Einige Glutwolken begleiten diese Extrusion.

Dritte Periode: heftige Explosionen zerstören die Ostseite der Kuppe, die sich im Halbkreis gegen Südosten öffnet; Hunderte von Glutwolken stürmen herab bis in die Ebene; einige Schlammströme (Lahars) fließen bis zum Petit Puy de Dôme.

Vierte Periode: genau wie beim Mont Pelée auf Martinique (Antillen) erscheint eine massive Lavanadel auf dem Gipfel der Kuppe, aber sie stürzt schnell ein und zerfällt zu Trümmern; nachträglich läßt eine explosive Gasphase den Krater des Nid de la Poule entstehen.

Fünfte Periode: nach einer Ruhephase vor 8320 Jahren bedeckt die Trachytwolke des Kilian-Kraters einen großen Teil des Puy de Dôme mit einer Schicht von mehreren Dezimetern Mächtigkeit.

Puys de la Vache und de Lassolas**** (Farbbild 15, S. 154)

22 km südwestlich von Clermont-Ferrand
sehr leicht erreichbar
Geologisch interessant: hufeisenförmige Krater, Lavaströme, vulkanische Bomben, fumarolische Veränderungen, verkohlte Pflanzen, Stauseen
Mindestdauer: zwei Stunden

Nimmt man die N 89 in Richtung Rochefort-Montagne, so kommt man nach 20 km, westlich vom Ventouse-Paß, an die Südseite des Puy de la Vache (1170 m) und des Puy de Lassolas (1195 m) – wunderbare hufeisenförmige Zwillingskrater. Diese beiden Vulkane gehören zu den interessantesten und berühmtesten der Chaîne des Puys. Die D 5 ab Randanne führt bis an den Rand der beiden Vulkane.

Die beiden Schlacken-, Aschen- und Bombenkegel sind erstaunlich frisch und noch nicht von der Vegetation erobert worden; ihre Öffnung richtet sich gegen Süden; sie gleichen zwei aneinanderlehnenden Hörnchen. Die Förderprodukte sind basaltisch, das Gestein ist grau, dunkelbraun, mit Augit- und Olivinphänokristallen von mehreren mm Größe übersät sowie mit gelegentlichem Labradorit; die Grundmasse enthält Mikrolithe der gleichen Mineralien. Man kann sehr schöne spindelförmige vulkanische Bomben auflesen. Die Schlacken sind oft zu ziegelroten, gelben oder weißlichen Massen verändert. Eine basische fumarolische Tätigkeit ist Ursache dieser roten Veränderungen, da die Mineralien in Hämatit umgewandelt werden. Die Umwandlung in gelbe und weißliche Gesteine ist viel seltener und wird durch eine saure Fumarolen-Tätigkeit verursacht, welche die Gesteine in Opal verwandelt.

Die Morphologie dieser beiden Krater ist ziemlich komplex. Im Puy de Lassolas bemerkt man auf der inneren Seite einen Trichter von etwa 30 m Tiefe, der sich wahrscheinlich während einer Gasexplosion gebildet hat. Nördlich dieser beiden Kegel gibt es undeutliche Spuren eines alten Kraters, der wahrscheinlich der ersten Tätigkeitsphase

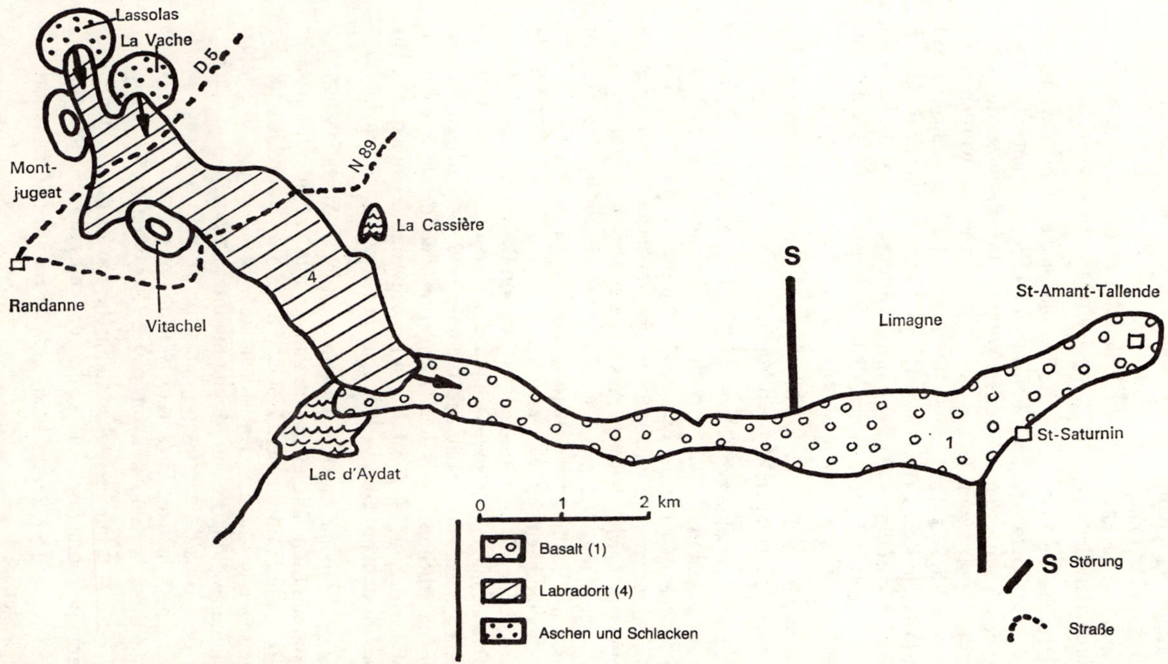

Abb. 21 Geologische Karte der Puys de la Vache und de Lassolas (nach *Brousse, R., Delibrias, G., Labeyrie, J. und Rudel, A.,* [1969]: Bull. Soc. géol. France, 7ᵉ série, 11, Paris)

des Vulkans entspricht. Die Datierung der hufeisenförmigen Krater ist schwer, aber man hat auf dem Hang des Puy de la Vache einen bearbeiteten Feuerstein aus dem Paläolithikum gefunden. Das würde bedeuten, daß die beiden Bergkuppen älter als 10 000 Jahre sind.

Die Puys de la Vache und de Lassolas haben vier Lavaströme gefördert, die petrographisch ähnlich sind. Eine detaillierte Untersuchung der Abfolge dieser Ergüsse wurde sehr erleichtert durch elf Bohrungen, die vom Génie rural unternommen wurden. Die Gesamtmächtigkeit der Ergüsse überschreitet 100 m. Alle Ergüsse liefen in ein langes, tiefes Tal von südost-nordwestlicher Richtung, das in den kristallinen Sockel eingeschnitten ist, und überlagerten sich. Es sei darauf hingewiesen, daß die Lapilli von la Vache und Lassolas eine Fläche von mehreren km Radius überdecken.

Man kann die vier Lavaströme folgendermaßen chronologisch – vom Liegenden zum Hangenden – einordnen:

• Ein erster Basaltstrom (Nr. 1) quillt aus mehreren Spalten und fließt südöstlich in das Tal, erreicht die Limagne bei Saint-Saturnin und hört nach 15 km hinter Saint-Amant-de-Tallende auf. Dieser Erguß ist für viele grundlegende topographische Veränderungen verantwortlich, wie etwa das Anschneiden der Schlackenkegel des Mont Jugeat und Vichatel oder das Abschließen von zahlreichen Seitentälern. Es haben sich auf diese Weise etwa zwölf Seen gebildet, die aber allmählich von Diatomeenschlämmen aufgefüllt und fast alle ausgetrocknet sind. Am ehemaligen See von Randanne, nördlich der N 81, wurde lange Diatomeenschlamm, sogenannter Randanit, abgebaut. Die Seen von Aydat und Cassière sind die einzigen Zeugen dieser natürlichen, von dem Lavastrom gebildeten Staudämme (Farbbild 16, S. 154). Die Lava ist ein schwarzes kompaktes, leicht poröses Gestein mit Olivin-, Augit- und Labradoriteinsprenglingen.

Man kann Proben dieses Gesteins am westlichen Ausgang von Saint-Saturnin auflesen. Dieser Basalterguß konnte datiert werden. Geht man in Saint-Saturnin den kleinen Weg von dem Platz mit der romanischen Kirche und dem Renaissance-Brunnen aus in Richtung des kleinen Wildbachs von Monne hinunter, beobachtet man rechts unter dem Basalt einen alten pflanzlichen Boden, der Eichenreste enthält, die von dem Lavaerguß verkohlt wurden. Die C^{14}-Datierungsmethode hat ein Alter von 7650 ± 350 Jahren ergeben.

• Drei weitere, immer stärker alkalische Lavaströme folgen einander, aber petrographisch sind sie dem ersten Erguß sehr ähnlich.

Die Lavaströme Nr. 2 und 3 sind Feldspat-Basalte mit Labradoriteinsprenglingen.

Der Lavastrom Nr. 4 ist ein Feldspat-Basalt mit Augiteinsprenglingen. Dieser letztere hat die beiden vorigen bedeckt, so daß diese nicht mehr sichtbar sind. Der Erguß folgte über 6 km dem Tal. Ihr Alter ist schwer zu schätzen, aber eine genaue Tephrochronologie und die Torfsedimentation haben es erlaubt, die Ergüsse Nr. 2 und 3 zwischen 7650 und 6000 Jahre, den Erguß Nr. 4 auf 4500 Jahre zu datieren.

All diese Lavaergüsse bilden eine wunderbare chaotische Oberfläche einer Aa-Lava; die N 89 führt im Nordosten des Ventouse-Passes durch sie hindurch.

Man kann die Geschichte der Puys de la Vache und de Lassolas folgendermaßen zusammenfassen:

Erste Periode: Eine heftige explosive Phase führt zur Entstehung der beiden vulkanischen Kegel. In beiden Kratern ist soviel Lava, daß sie aufreißen und den Weg für den Basalterguß Nr. 1 freigeben, der 15 km nach Südosten fließt und einige Täler versperrt (z. B. der Aydat-See). Die Lavaförderung wird durch zwei Feldspat-Basaltströme (Nr. 2 und 3) fortgesetzt, die mehrere km vordringen.

Zweite Periode: Nach einer ziemlich langen Ruhepause zerreißen Explosionen die Krater und bedecken die Gegend mit mehreren Dezimetern Asche. Schließlich ergießt sich der letzte Feldspat-Basaltstrom (Nr. 4), der beim Aydat-See endet.

Die Puys de la Vache und de Lassolas gehören zu den jüngsten vulkanischen Komplexen der Chaîne des Puys.

Saint-Alyre* (Farbbild 14, S. 153)

In Clermont-Ferrand
sehr leicht erreichbar, Eintrittsgebühr
Geologisch interessant: Sinterquellen
Mindestdauer: eine halbe Stunde

In Clermont-Ferrand befinden sich ungefähr zwanzig Mineralquellen (Temperatur von 6 °C bis 18 °C). Die meisten sind auf einer Störungslinie aufgereiht, die vom Salins-Platz zum St.-Alyre-Viertel führt. Man benützte das kohlensäurereiche Wasser des Salin-Platzes zur Mineralwasser- und Limonadenherstellung. Die fünf Quellen von St.-Alyre enthalten viel Calciumkarbonat.

Zwei Firmen, die Fontaine du Pont Naturel und die Grottes du Pérou, stellen versteinerte Gegenstände her. Das mit Calciumkarbonat angereicherte Wasser zirkuliert zuerst in Kanälen, die mit Holzspänen und Kieselsteinen gefüllt sind und fällt Eisen und Eisenkarbonate aus. Man läßt das Wasser über eine Holztreppe laufen, auf der die Gegenstände stehen, die man versteinern will. Ausgestopfte Tiere, Puppen und Reliefs werden so innerhalb weniger Monate von einer glänzenden Calciumcarbonatschicht bedeckt. Das ist eine entfernte Folge des Vulkanismus.

Royat*

2 km westlich von Clermont-Ferrand
sehr leicht erreichbar
Geologisch interessant: Thermalquellen, Höhlen, Lavaströme, Granitsockel
Mindestdauer: eine Stunde

Royat ist eine Hochburg des Bäderwesens, sehr geschätzt und es verdient den Umweg. Im Kurhaus kann man Reste von gallorömischen Thermen sehen, die mehrere Schwimmbecken enthielten. Im Sommer kann man die Hundsgrotte besichtigen, die in einem Lavastrom des Puy de Dôme liegt. Man hielt sie früher für das Luftloch der Hölle, weil aus den Spalten Kohlendioxid dringt und sich in einer Höhe bis 50 cm über dem Boden ansammelt. Eine Kerze geht durch Sauerstoffmangel aus, wenn man sie in den hinteren Teil der Höhle stellt. Früher hat man das Vorhandensein von Kohlendioxid dadurch bewiesen, daß man dort Hunde hinführte, die erstickten.

Die Grottes Rouges (rote Höhlen) und die Grotte des Laveuses (Höhle der Waschfrauen) sind weitere Sehenswürdigkeiten dieser thermalen Tätigkeit, die nicht existieren würden, wenn in diesem Gebiet kein intensiver Vulkanismus geherrscht hätte.

Nach dieser Besichtigung verläßt man Royat über die D 68 in Richtung des Puy de Dôme. Die Straße führt hinauf durch das Tiretaine-Tal. 100 m hinter den letzten Häusern, 250 m vor dem Pont des Soupirs (Seufzer-Brücke), kann man in einem kleinen Steinbruch den Sockelgranit studieren; er ist auf der linken Seite porphyroid und auf der rechten zuckerkörnig.

Chaîne du Montchal

Ist die Chaîne des Puys, die sich auf 46 km Länge in einer Nord-Süd-Linie vom Gour du Tazenat bis zum Puy de Tartaret erstreckt, der berühmteste und am besten studierte vulkanische Komplex der Auvergne, so ist die Chaîne du Montchal, die die südliche Verlängerung jener ist, nur wenig bekannt und kaum erforscht. Diese Einheit bildet ein 6 km langes, Nord-Süd gestrecktes Band, das um 3 km westlich zur Achse der Chaîne des Puys versetzt ist. Die wichtigsten

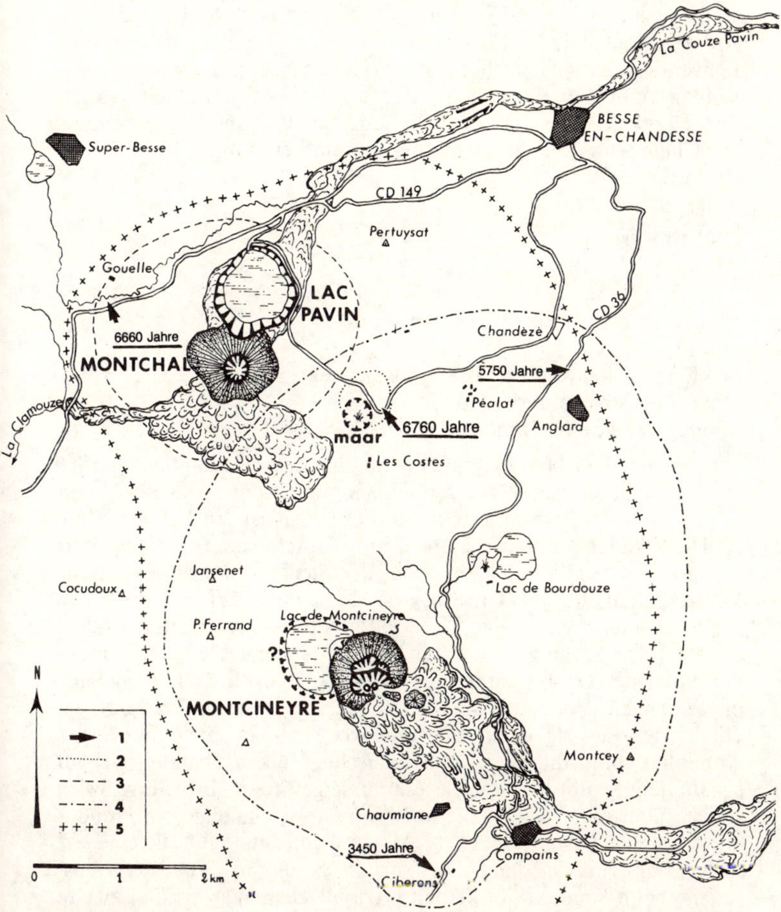

Abb. 22 Karte des Komplexes Montchal–Lac de Pavin–Montcineyre

1. Proben-Entnahmepunkte von Paläoböden für C^{14}-Messungen – Angenommene oder ungefähre Ausdehnung
2. des Tuffs der Costes
3. des Tuffs vom Montchal
4. des Tuffs vom Montcineyre
5. der Bimssteinwolke des Pavin

(nach Parc naturel régional des volcans d'Auvergne – Volcanologie de la Chaîne des Puys. – Découverte de la nature, 8. – Clermont-Ferrand, 1975)

Vulkane dieses Komplexes sind von Norden nach Süden der Pavin und der Montchal, der Chauvet, der Montcineyre und der Godivelle. Je weiter man sich nach Süden begibt, umso jünger werden die Vulkane. Der Puy de Montcineyre, der vor 3450 Jahren eine explosive Tätigkeit hatte, ist einer der jüngsten Vulkane der Auvergne. Die Chaîne du Montchal ist in ihrer Gesamtheit jünger als die Chaîne des Puys.

Exkursion

Lac de Pavin**

5 km westlich von Besse-en-Chandesse
sehr leicht erreichbar
Geologisch interessant: Explosionskrater, Schlackenkegel, Panorama, Lavaströme, Abgrund
Mindestdauer: eine Stunde

Nimmt man die RN 678 von Besse-en-Chandesse, kommt man nach 5 km an einen kleinen Weg, der südlich zum Pavin-See ansteigt (aus dem Lateinischen: pavens, fürchterlich). Das ist ein Kratersee mit steilen Wänden von 92 m Tiefe, 750 m Durchmesser in einer Höhe von 1197 m. Südlich des Sees ragt der Schlackenkegel des Puy de Montchal auf, der 1411 m hoch ist. Man kann auf einem kleinen Weg, der manchmal einige Meter oberhalb des Ufers entlang führt, um den See herumgehen. Man beobachtet Schichten, die Blöcke verschiedener Größe enthalten, die von der explosiven Tätigkeitsphase zeugen. Vom südlichen Rand des Sees führt ein Pfad bis zum Gipfel des Puy de Montchal, von wo aus man einen herrlichen Rundblick hat; dieses strombolianische Vulkangebäude mit gut erhaltenem Krater hat drei Basaltergüsse gefördert. Einer ergoß sich südlich über einen Sumpf, er weist eine unregelmäßige, an Pseudokratern reiche Oberfläche (Typ „Mývatn“ in Island) auf, die eine Art schlotloser Vulkane darstellen, verursacht durch phreatische Ausbrüche beim Kontakt der heißen Lava mit dem Wasser. Der zweite Erguß lief gegen Westen und erreichte das Clamouze-Tal. Der letzte floß gegen Nordosten und erstreckte sich über 16 km in das Gletschertal des Couze Pavin. Nachträglich hat der Puy de Montchal basaltische Lapilli ausgespien, die einen Teil der Ergüsse bedeckten. Eine C^{14}-Datierung der holzhaltigen Schlämme unter dieser Lage ergab ein Alter von 6680 ± 150 Jahren. Der Explosionskrater des Pavin hat das Grundgebirge und den nordöstlichen Lavastrom des Montchal glatt abgeschnitten. Seine Energie entlud sich in ein paar sehr heftigen Explosionen, verursacht durch das Freiwerden der magmatischen Gase, die in einer sehr zähflüssigen trachytischen

Lava eingeschlossen waren (trachytisches Maar). Die Förderprodukte waren bedeutend und bedeckten die Umgebung mit einem dicken Mantel von Aschen und verschiedenen großen Granit-, Gneis-, Trachyandesit- und jungen Montchal-Basaltblöcken. Das frische Magma ist durch einen Trachyt mit Hornblende- und Sanidineinsprenglingen in Form kompakter Blöcke oder leichter Bimssteine vertreten. Um den See sowie auf einem Teil der Aa-Lava des nordöstlichen Ergusses des Montchal sind die vulkanischen Ablagerungen brecciös und grob; große Blöcke – bis zu einem Kubikmeter – liegen hier und da in der Landschaft. Die Explosionswolke war hauptsächlich in Richtung Süd-Südost gerichtet; in Compains, 7 km vom Explosionskrater entfernt, beträgt die Decke trachytischer Produkte (besonders Bimsstein, weil nur die leichten Materialien so weit gelangen) noch 50 cm. Das kleine Maar von Costes, durch die C^{14}-Methode anhand eines Paläobodens auf 6760 ± 150 Jahre datiert, wurde von der Wolke des Pavin überdeckt; das gleiche ereignete sich bei dem Puy de Montcineyre im Süden, dessen basaltische Lapilli (5750 ± 150 Jahre alt) von trachytischen Bimssteinen des Pavin (3450 ± 110 Jahre alt) übersät sind.

Der Montcineyre, 4 km südlich des Montchal, ist ein ziemlich komplexes strombolianisches Vulkangebilde. Sein Kraterkegel hat eine breite Absenkung (vielleicht ein Explosionsmaar) versperrt und so die Entstehung des Montcineyre-Sees verursacht; der Vulkan war Ausgangspunkt heftiger Explosionen, denn seine basaltischen Lapilli haben eine Fläche von 30 km^2 überdeckt. Zwei Puzzolan-Gruben schneiden diese Basaltdecke am östlichen Fuß des Kegels an. Der Montcineyre hat einen Lavastrom von 7 km nach Südosten ergossen; er floß in Richtung Compains und dehnte sich in der Gletschermulde der Couze de Valbeleix bis zum Verdier hin aus.

Man kann die Geschichte des Gebietes wie folgt zusammenfassen:

Erste Periode: Entstehung des Explosionsmaars von Costes vor 6780 Jahren, danach fast gleichzeitiger Aufbau des strombolianischen Gebäudes des Montchal (6680 Jahre) und des Montcineyre (5770 Jahre).

Zweite Periode: vor 3450 Jahren durchbrechen Explosionen des Vulcano-Typs glatt das Grundgebirge und führen somit zu dem Pavinkrater, in dem sich später ein See bildet. Die trachytische Bimssteindecke überdeckt im Südosten den Montchal und den Montcineyre.

Die Limagne

Die Limagne, die rechts und links von alten kristallinen Massiven begrenzt ist, war über eine sehr lange Zeitspanne – vom Oligozän bis zum Quartär, also etwa 30 Mio. Jahre – Sitz eines intensiven Vulkanismus.

Geographische Lage

Die meisten Hügel der Einbruchsebene der Limagne sind vulkanischen Ursprungs. Geomorphologisch beobachtet man drei verschiedene Reliefformen:

- mehr oder weniger gut erhaltene Kegel, wie der Schlotpfropfen des Mont Rognon.
- Tafelberge oder Mesas, Überreste von alten Lavaströmen, die ursprünglich in den Tälern lagen, deren Relief sich aber umgekehrt hat, wie das Plateau von Gergovie. Bei dieser Art von Vulkanismus haben die Lavadecken die Sedimente, die sie bedekken, vor der Erosion geschützt.
- Abgerundete Hügel aus Peperit, wie das Plateau von Cournon. Die Höhe dieser Vulkane über der Ebene schwankt zwischen 60 und 350 m. Sie sind auf einer nordwest-südöstlichen Linie aufgereiht.

Geologischer Rahmen

Diese Vulkane, die zum größten Teil in der Limagne-Senke konzentriert sind, liegen auf Sedimenten aus dem Oligozän, die sich hauptsächlich in Seen ablagerten. Die Ausbrüche waren subaerischer oder subaquatischer Natur, und es genügte ein See am Ausbruchspunkt, um die Laven in Peperite zu verwandeln. Einige Vulkane bildeten sich außerhalb der Limagne auf kristallinen Horsten, z. B. der Puy de Charade, der Mont Rodeix und z. T. die Montagne de la Serre.

Erdgeschichtlicher Abriß

Der Vulkanismus erstreckte sich vom Oligozän bis zum Quartär, aber man kann ihn in zwei Abschnitte unterteilen:

Erste Periode: die vulkanische Tätigkeit beginnt mit der Absenkung des Limagnebeckens. Staukuppen aus Trachyphonolith bilden sich im mittleren Oligozän (Beispiel: die Puys von Sallèdes und von Mercurol). Diese Lavaergüsse waren in den meisten Fällen unter jüngeren Sedimenten begraben und wurden dann durch Erosion freigelegt. Nach einer mehr oder weniger langen Ruhepause beginnt die vulkanische Tätigkeit dann aufs Neue sehr intensiv, charakterisiert vor allem durch Ausbrüche unter Seen, die zur Bildung von Peperiten führten. Diese sehr speziellen Gesteine, normalerweise andesitisch und in anderen Ländern Hyaloklastite genannt, findet man in den Ablagerungen der meisten Vulkane aus der Limagne zwischengelagert: im Plateau von Gergovie, in den Puys von St-Sandoux, von Chateaugay, von Mur, von Montaudou, von St-Romain, von Var, von Chanturgue, von Corent, in den Côtes de Clermont usw.

Jedoch gibt es einige Lavaströme, die an der Luft erstarrten, das schönste Beispiel dafür ist der Andesit von Vondiolet. Man hat kürzlich nachgewiesen, daß einige Peperite aus dem unteren Miozän stammen und ein Alter von 22 ± 4 Mio. Jahren haben (Datierungen durch Spaltspuren in Muskoviten).

Zweite Periode: einige basaltische Intrusionen intrudieren in das Plateau von Gergovie. Eine starke effusive Tätigkeit beginnt im Miozän, nachdem die Seen in der Limagne alle verschwunden waren. Weit ausgedehnte Basanitdecken werden gefördert und bedecken die Sedimente und die älteren vulkanischen Serien. Eine Reliefumkehr verwandelt sie nachträglich in gut erkennbare Hochflächen. Die Gipfelplateaus von Gergovie (15 bis 17 Mio. Jahre), die Côtes de Clermont, die Gipfel der Puys von Var, von Chanturgue, von Corent und von Mur (13 ± 1 Mio. Jahre) gehören hierzu. Der Vulkanismus von Charade, von der Montagne de la Serre und vom Mont Rodeix ist der jüngste, er fällt in das Pliozän (3–3,4 Mio. Jahre).

Es scheint, daß die vulkanische Tätigkeit durch einen Wechsel von Tätigkeits- und Ruhezeiten in Verbindung mit tektonischen Erschütterungen gekennzeichnet war.

Petrographie – Magmatologie

Man trifft hauptsächlich drei Gesteinsarten an, die zeitlich aufeinanderfolgen:

1) Phonolithe am Anfang des mittleren Oligozäns (z. B. Puy de Mercurol)
2) Andesite in Form von Peperiten im mittleren und am Ende des mittleren Oligozäns (z. B.: Cournon)
3) Basanite und Basalte im Miozän und Pliozän (z. B. Plateau von Gergovie und Montagne de la Serre)

Phonolithe, Andesite und Basanite bilden eine zeitlich kontinuierliche magmatische Abfolge, ausgehend vom Phonolith zum basischeren Basanit; der Andesit liegt zwischen diesen beiden Extremen. Die

Genese dieser sehr speziellen Gesteine, den Peperiten, führte zu sehr vielen Untersuchungen. Man kann sie folgendermaßen zusammenfassen:

Der Peperit tritt in zwei Hauptausbildungen auf:

- Eine grobe Fazies, charakterisiert durch große Andesitknollen, die in einem kalkmergeligen Zement sedimentären Ursprungs schwimmen.
- eine „Pfefferfazies", welche die gleichen Elemente wie oben beinhaltet, jedoch in einer sehr viel feineren Ausbildung.

Die Unterteilung dieser beiden Formen hängt von der Entfernung der Lava vom Förderschlot im See ab. Die grobe Fazies liegt nahe dem Schlot, die „Pfefferfazies" weiter entfernt. Die kleinen Lavakörner sind oft porös und nie in Schlacken zu finden, was beweist, daß diese vulkanischen Auswürfe nicht subaerisch entstanden sein können, sondern unter Wasserbedeckung gebildet wurden. Die Intrusion eines heißen andesitischen Magmas in die kalk-mergeligen Schlämme eines Sees aus dem Oligozän hat wahrscheinlich stark exotherme Reaktionen mit großer Dampfentwicklung hervorgerufen.

Zusammenfassend kann man sagen, daß die Peperite der Limagne Gesteine sind, gebildet durch Intrusion, Zerbröckeln und Mischung einer andesitischen Lava in noch-plastische Sedimente der Seen des mittleren Oligozän.

Magmatologisch gesehen kann man annehmen, daß es in der Tiefe ein alkalisches Basaltreservoir gibt, das durch komplexe Differentiation Phonolithe und Andesite geliefert hat.

Exkursionen

Plateau de Gergovie***

15 km südlich von Clermont-Ferrand
leicht erreichbar
Geologisch interessant: Basaltplateau, Peperit, Gang, Lagergang, Sedimente, Fossilfundpunkt, Opal.
Mindestdauer: zwei Stunden

Man nimmt die RN 89 von Clermont-Ferrand nach Mont-Dore, dann nach 10 km die D 120 östlich zum Plateau von Gergovie, das bis zu 774 m hoch ist. Gergovie ist bei den Historikern, aber auch bei den Geologen berühmt, weil dieser Vulkan eine sehr gute Synthese der Tätigkeitsformen der Limagne-Ebene gestattet. Das Plateau von Gergovie besteht aus kalkig-mergeligem Untergrund oligozänen

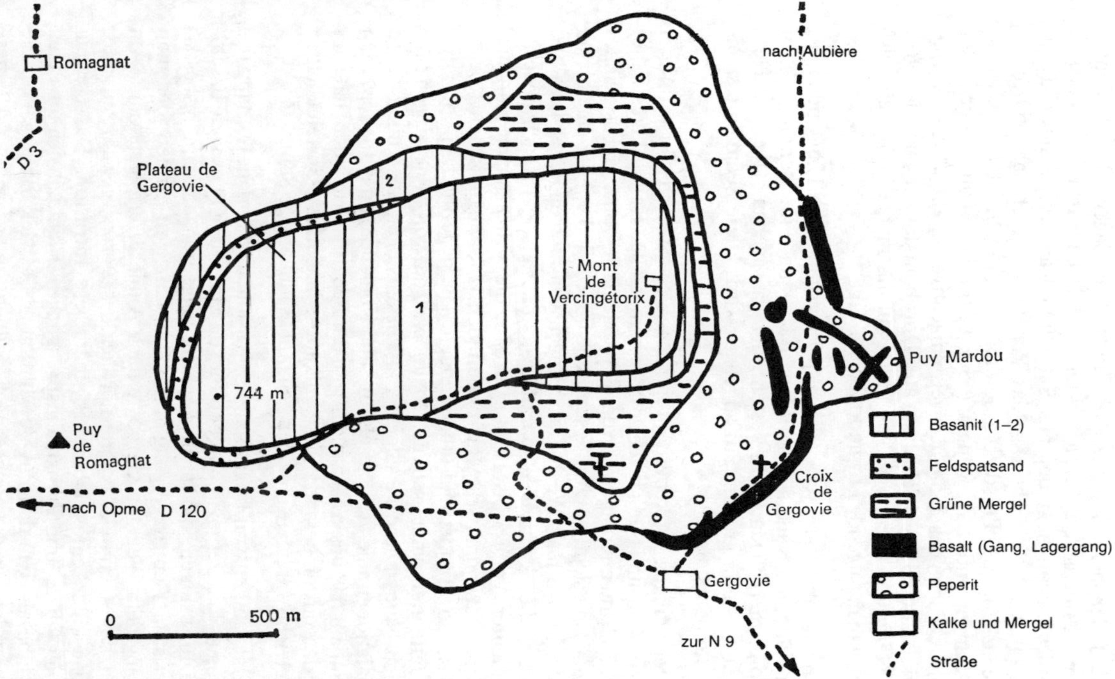

Abb. 23 Geologische Karte des Plateaus von Gergovie (nach *Roques, M.* und *Lapadu-Hargues, P.* [1953]: Itinéraires géologiques en Auvergne. – Le touriste en Auvergne, 26, Clermont-Ferrand [Bussac])

Alters, der von grünen Mergeln aus dem unteren Miozän überdeckt ist, auf denen zwei jüngere Basanitströme liegen, die als Panzer gegen die intensive Erosion wirkten, und deren Fläche 70 ha beträgt. Westlich davon liegt der aus Sand und Kalk aufgebaute Puy de Romagnat. Östlich überragt das Plateau mit mehr als 350 m die Allier-Ebene, der Puy de Mardou mit 604 m Höhe ist von Olivinbasalt-Gängen und -Lagergängen (15 ± 1 Mio. Jahre) durchzogen. Der südliche Hang des Plateaus weist mächtige, in die Oligozänkalke eingeschaltete Peperitschichten auf. Dort befindet sich auch das Dorf von Gergovie. Steigt man von unten auf das Plateau von Gergovie, so trifft man folgende Formationen an:

- Eine sedimentäre Serie, die vom Liegenden zum Hangenden aus 15 m Sand und Kalk, 5 m geriefeltem Kalk und einer sehr mächtigen Abfolge mergeligen Kalks besteht, der im Tagebau östlich des Dorfes Gergovie in großem Stil abgebaut wird. Diese Sedimente stammen aus dem Oligozän.

- Eine vulkanische Peperitabfolge. Die Peperite sind sehr verbreitet auf den Ost- und Südhängen, wo sie in mergelige Kalke eingeschaltet sind. Sie sind auf dem Weg von Gergovie nach Opme und östlich des Plateaus gut sichtbar. An dieser Stelle bilden die Peperite eine kleine Felswand, wo man Wechsellagerungen von mergeligen Kalken und Peperit sehen kann. Der Peperit besteht aus glasigen Trachyandesitfragmenten von $\frac{1}{10}$ bis 10 mm Größe, die sich in einer mergeligkalkigen Grundmasse (Matrix) befinden. Die vulkanischen Körner sind oft abgerundet und umgewandelt. Die peperitischen Formationen enthalten einige seltene Opalblöcke, die von Mineralogen sehr gesucht sind. Diese kieseligen Massen entstehen aus vulkanischen Exhalationen, die viel Kieselsäure und Kohlendioxid enthalten. Man nimmt an, daß das Auswurfzentrum der Peperite sich in der Nähe des Puy de Mardou befand. Diese vulkanosedimentären Gesteine haben das gleiche Alter wie die oben genannte sedimentäre Serie.

- Eine Einheit von basaltischen Intrusionen. Auf dem Osthang des Plateaus von Gergovie, um den Puy de Mardou, gibt es viele basaltische Intrusionen, die in die Peperite eingedrungen sind. Insbesondere ist hier ein Lagergang von 800 m Länge zu nennen, den man entlang dem Weg von Gergovie nach Aubière verfolgen kann. Am Kreuz von Gergovie, gerade nördlich des Dorfes, gewährt ein alter Abbau einen guten Überblick über diese Intrusion. Das Gestein enthält Olivin- und Pyroxeneinsprenglinge, es handelt sich um einen Olivinbasalt. Um den Puy de Mardou gibt es viele Basaltgänge, die entlang des ganzen Weges nach Aubière zutage treten. All diese Intrusionen sind im Miozän entstanden.

• Eine sedimentäre Abfolge. Sie wird besonders gut sichtbar auf der südöstlichen Seite des Plateaus. Sie besteht aus fluviatilen Sanden und grünen Mergeln, die ein großes in Peperit eingeschnittenes Tal zuschütteten. Oberhalb von Gergovie, 200 m nördlich davon, gibt es einen berühmten Fossilfundpunkt, an dem man 63 Pflanzenarten aus tropischem Klima sowie zahlreiche Süßwassermollusken gefunden hat. Diese Abfolge stammt aus dem unteren Miozän.

• Ein Plateau-Lavastrom. Er ergoß sich auf die sedimentäre Abfolge. Das Gestein ist violett, reich an Vakuolen, die sich nachträglich mit Calcit und Aragonit füllten. Es spaltet sich in eiförmige Schalen. Olivin- und Pyroxeneinsprenglinge sind erkennbar, aber die Normberechnung der chemischen Analyse zeigt die Gegenwart von Nephelin; es handelt sich um einen Basanit, der 19 Mio. Jahre alt ist.

Der Lavastrom ist 20 m dick, 1500 m lang, 500 m breit und stammt aus dem unteren Miozän. Man findet ziemlich gute Aufschlüsse dieses Stromes auf der Nordflanke des Plateaus von Gergovie.

• Eine sedimentäre Abfolge. Es handelt sich um Feldspatsande, die den vorangegangenen Basanitstrom bedecken. Sie zeigen eine kontinentale Episode an und an den westlichen Rändern des Plateaus streichen sie einzigartig aus. Sie gehören ins untere Miozän.

• Ein Plateau-Lavastrom. Er hat sich über den Feldspatsand ergossen und bedeckt alle vorherigen Serien und krönt so das Plateau von Gergovie. Diese Abfolge hat die gleiche Zusammensetzung (Basanit) und fast die gleiche Ausdehnung wie der erste Lavastrom. Es ist leicht, Proben auf dem Plateau zu sammeln; sie sind 16 Mio. Jahre alt.

Man findet ein ziemlich vollständiges Profil aller Abfolgen des Plateaus von Gergovie, wenn man vom Vercingétorix-Denkmal am Gipfel des Plateaus zum Dorf Gergovie geht. Man wird nacheinander beide Basanitströme, die grünen Mergel, die Peperite und einen in den Kalk eingedrungenen Basalt-Lagergang überqueren.

Die Geschichte des Plateaus von Gergovie kann man wie folgt zusammenfassen:

Erste Periode: Im Oligozän ist an der Stelle von Gergovie ein See. Gewaltige Mengen von Sand und Ton werden von den westlichen Höhen aus in den See geschüttet. Die vulkanische Tätigkeit beginnt mit heftigen sublakustrischen Ausbrüchen, wobei Peperite entstehen. Das Gebiet wird nachträglich entwässert, und es entsteht ein Entwässerungsnetz, das eine Periode fluviatiler Erosion mit sich bringt. Basaltische Intrusionen dringen in die erstarrten Peperite.

Zweite Periode: Im Miozän hat sich an der Stelle von Gergovie ein großes Tal gebildet, ein Fluß schüttet es mit grünen Mergeln und fluviatilen Sanden zu. Der Vulkanismus tritt wieder in den Vordergrund und ein erster Basanitstrom ergießt sich. Das heiße Klima ändert sich und es wird kühl. Schlammströme liefern bedeutende Mengen von Feldspat-Sanden. Wiederum setzt die vulkanische Tätigkeit ein, und der zweite und letzte Basaniterguß findet statt. Die Abtragung führt danach zu einer Reliefumkehr.

Puy de Corent**

16 km südlich von Clermont-Ferrand
leicht erreichbar
Geologisch interessant: Basaltplateau, Peperit, Lagergang, Sedimente
Mindestdauer: eine Stunde

Nimmt man die RN 9 von Clermont-Ferrand in Richtung Issoire, stößt man, von Westen kommend, nach 16 km auf den Puy de Corent. Er ragt 628 m empor und liegt im südlichen Teil der großen Limagne. Östlich fließt der Allier entlang.

Der Puy de Corent besteht aus einem sedimentären Sockel aus dem Oligozän mit Peperiten und aus einem Vulkan aus dem Pliozän, der den Sockel vor der Abtragung schützt. Steigt man auf den Puy de Corent, trifft man folgende Formationen an:

- Eine sedimentäre Abfolge, die von unten nach oben aus Arkosen, einer Gipsformation, aus Mergeln und Süßwasserkalken besteht. Das Ganze hat eine Mächtigkeit von 170 m und reicht vom Ufer des Allier bis zur Basis des Ergusses, der den Gipfel des Plateaus bildet. Diese Ablagerungen sind längs der D 8, die von der Goules-Brücke zum Dorf von Corent führt, sichtbar. Sie stammen aus dem Oligozän.

- Eine Einheit vulkanischer Peperite, die einmal auf dem Südwesthang des Berges zutage treten zwischen den Süßwasserkalken und dem Lavastrom, zum anderen auf der Südostflanke, wo man ihnen fast 250 m längs des Weges, der zum Dorf Corent führt, folgen kann. Die Peperite des Südosthangs haben eine typische „Pfefferfazies", Trachyandesitfragmente von 1 cm Größe durchsetzen einen mergeligen Kalkzement. Man kann sehr schöne Peperitproben längs dieser D 5, 1 km vor Corent, sammeln. Alter: Oligozän.

- Ein Plateau-Lavastrom. Als sich dieser Strom ergoß, hat er einen Teil der Allier-Ebene überschwemmt, aber durch eine Reliefumkehr wurde er zur Gipfeltafel des Plateaus von Corent. Er ist 1500 m lang,

500 m breit, und sein südwestlicher Teil wird von einem klaffenden Schlackenkegel von 628 m Höhe gekrönt, der das eigentliche Plateau mit 80 m überragt. Der Erguß trat aus der Basis des vulkanischen Kegels in Richtung Nordosten aus, wo er das Dorf von Corent um 50 m überragt. Das Ergußgestein zeigt einige große Olivin- und Augitkristalle, aber die Normberechnung der chemischen Analyse hat eine kleine Menge von Nephelin ergeben, es handelt sich also um einen Basanit. Man kann Proben dieses Gesteins auf dem ganzen Plateau sammeln, das im Neolithikum besiedelt war. Man findet in den Feldern manchmal polierte Äxte. Der Erguß stammt aus dem Pliozän.

Man kann die Geschichte des Puy de Corent wie folgt zusammenfassen:

Erste Periode: Ein See liegt im Gebiet des Puy de Corent während des Oligozäns, die Erosion kristalliner Gebiete führt zu Arkoseablagerungen. Marine Einflüsse werden spürbar, Gips, Kalke und Mergel lagern sich ab. Dann beginnt die vulkanische Tätigkeit mit unterseeischen Ausbrüchen, die zu Peperiten führen. Später wird das ganze Gebiet entwässert, Flüsse und Bäche tragen die Sedimentabfolgen ab.

Zweite Periode: Die vulkanische Tätigkeit beginnt von neuem im unteren Pliozän, der Basanitstrom ergießt sich in das Allier-Tal, ein Lagergang dringt in die Sedimente ein. Der lange Erosionsprozeß verwandelt den ehemaligen Talgrund in ein Plateau: den Puy de Corent.

Mont-Dore

Mitten im Massiv Central ragt das beeindruckende Mont-Dore-Massiv empor, das am Puy de Sancy mit 1886 m seine größte Höhe erreicht. Es ist die abwechslungsreichste Vulkanregion Frankreichs und auch die am meisten erforschte.

Geographische Lage

Das Mont-Dore-Massiv bildet eine weite Ellipse, deren große Nord-Süd-Achse 35 km und deren kleine Ost-West-Achse 16 km mißt. Dieses Massiv bedeckt eine Fläche von 600 km^2, das vierfache des Vesuvs. Das Volumen an Auswurfmassen und Laven, die sich während der vulkanischen Tätigkeit angehäuft haben, wurde auf 350 km^3 geschätzt, wovon bereits 100 km^3 durch Fluß- und Gletschererosion während des Quartärs abgetragen wurden.

Man kann zwei Hauptgebiete unterscheiden: die zentrale Einbruchszone und die sanften Hänge der Peripherie.

Tephrochronologische, geoelektrische und gravimetrische Untersuchungen haben eine Einbruchszone mitten im Mont-Dore-Massiv nachgewiesen: der Graben der Haute-Dordogne. Es handelt sich um eine vulkanotektonische Senke, eine polygonale und nicht runde Caldera. Alte Störungslinien im Untergrund haben sich hauptsächlich nach Ignimbritausbrüchen durchgeprägt und führten zu diesem 150 km^2 großen Graben, der mehrere Hundert Meter tief einbrach. La Bourboule und der Mont-Dore liegen in dieser Caldera.

Die zentrale Einbruchszone ist besonders durch dicke vulkanosedimentäre Ablagerungen, zwei Ignimbritdecken und bedeutende Ausbruchszentren mit Staukuppen und Lavaströmen gekennzeichnet, wie etwa der Puy de Sancy, die Banne d'Ordanche und der Aiguiller. Die sanften Hänge der Peripherie, die stellenweise den Lavafeldern des Cantals gleichen, bestehen hauptsächlich aus Basaltergüssen (Murols). Die Täler wurden mehrmals von Schlammströmen (Lahars) überschwemmt (Perrier).

Das Mont-Dore-Massiv besteht gleichzeitig aus Lavaergüssen (Basalt, Trachyandesit, Phonolith, Rhyolith) und aus Pyroklastika, vor allem rhyolithischer Natur. Diese letzteren Formationen, lange Zeit Cinerit genannt, ermöglichten die Tephrochronologie des Massivs. Man unterscheidet gut geschichtete vulkanosedimentäre Abfolgen, oft fossilführend, und ignimbritische Bimssteindecken von nicht geschichteten Brekzien, die reich an faserigen Bimssteinen sind. Von diesen gibt es zwei, die sich weit über das ganze Massiv ergossen haben. Der Wind hat sie bis zu 100 km von ihrem Ausgangsort fortgetragen. Die untere Bimssteinlage aus dem mittleren Pliozän hat eine Fläche von 135 km^2, eine Mächtigkeit von 30 m und ein Volumen von 4 km^3; ihr Ursprung, anhand von Korngrößenmessungen bestimmt, befindet sich in der Gegend des Plateaus von Angle. Die obere Bimssteinlage aus dem mittleren Villafranchium hat eine Fläche von 350 km^2, eine Mächtigkeit von 20 m und ein Volumen von 7 km^3; ihr Ursprungsort liegt beim Puy de Sancy. Diese beiden Decken, entstanden durch Ignimbritausbrüche, gehören zu den wichtigsten Erscheinungen der Mont-Dore-Tätigkeit. Sie stellen ausgezeichnete Orientierungslinien dar, welche die Rekonstruktion der geologischen Geschichte des Mont-Dore erlaubt haben.

Dank der Tephrochronologie unterscheidet man 5 pyroklastische Bildungen. Vom Liegenden zum Hangenden:

1) die untere vulkanosedimentäre Abfolge (La Bourboule) aus dem Miozän und dem unteren Pliozän;

2) die untere Bimssteinlage (La Bugette) aus dem mittleren Pliozän;
3) die vulkanosedimentäre Zwischenabfolge (Pont de Clidel) aus dem Pliozän und dem unteren Villafranchium;
4) die obere Bimssteindecke (Rochefort-Montagne) aus dem mittleren Villafranchium;
5) die obere vulkanosedimentäre Abfolge (Chaudefour) aus dem oberen Villafranchium.

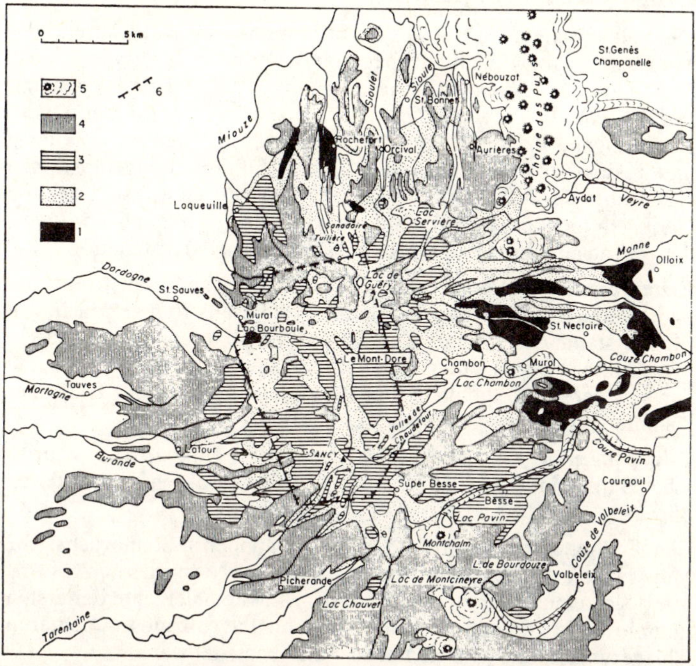

Abb. 24 Vereinfachte geologische Karte des Mont-Dore-Massivs

1. Bildungen aus dem Miozän oder dem Mio-Pliozän (Basalte, „untere Staubtuffe" und Rhyolithe von La Bourboule)
2. „Obere Staubtuffe" (Bimssteindecken, Staubtuffe mit Blöcken und zugeordnete vulkanosedimentäre Ablagerungen)
3. Sancyite, Doreite und Phonolithe
4. Basalte und Orchandite von peripheren Lavaströmen der Plateaus.
5. Vulkane aus dem Pleistozän und ihre Lavaströme
6. Umriß der vulkanotektonischen Senke

(nach *Brousse, R.* [1960]; aus *Peterlongo, J.* [1972]: Guides géologiques régionaux, Massiv Central. – Paris [Masson])

Geologischer Rahmen

Der Eruptionsapparat des Mont-Dore liegt auf einem Granitsockel, der im Südwesten in Gneis übergeht. Dieser Sockel scheint eine antiklinale Wölbung, eine Art Grundfalte von nordsüdlicher Richtung darzustellen. Durch Erosion, welche die vulkanische Masse tief eingeschnitten hat, ist der Granit in einigen Tälern aufgeschlossen.

Erdgeschichtlicher Abriß

Die vulkanische Tätigkeit des Mont-Dore-Massivs hat während des Miozäns vor 18 Mio. Jahren begonnen und im Quartär vor 500 000 Jahren aufgehört. Seine wichtigste eruptive Phase lag im Pliozän und Villafranchium. Eingehendere Untersuchungen mit Kalium/Argon-Datierungen, Paläomagnetismus, Gravimetrie, Tephrochronologie und Sedimentologie haben die Rekonstruktion der geologischen Geschichte des Mont-Dore-Massivs ermöglicht. Gewiß sind sich die Geologen nicht über die Entstehungsgeschichte einig, aber wir werden versuchen, ihre Hauptzüge in vier Perioden darzustellen.

Erste Periode: Im Miozän ergießen sich zahlreiche Basaltströme und bilden einen großen Schildvulkan. Der Basaltstrom nördlich von Murols stammt aus dieser Zeit vor 18 Mio. Jahren. Danach lagert sich während einer ziemlich lange Phase eine Detritusschicht ab, die den sich bereits absenkenden La Bourboule-Graben füllt. Es ist dies die untere vulkanosedimentäre Formation.

Zweite Periode: Das ist die wichtigste Phase. Eine erste ignimbritische Bimssteindecke entsteht vor 4,7 Mio. Jahren im mittleren Pliozän.

Einige Phonolithkuppen, wie die des Monneron-Steinbruchs (4,3 Mio. Jahre), durchstoßen diese erste Decke. Nach diesem Auswurf lagert sich eine Detritusschicht ab, die Bimssteinelemente der ersten Ignimbritdecke enthält; es handelt sich um die vulkanosedimentären Ablagerungen, die von Schlammströmen begleitet waren.

Die zweite ignimbritische Bimssteindecke, größer als die vorangegangene, entsteht vor 3,2 Mio. Jahren im mittleren Villafranchium. Nach dem Ausbruch dieser riesigen Bimsstein-Massen (11 km^3 im ganzen) stürzt die zentrale Zone des Mont-Dore ein und verursacht einen vulkanotektonischen Graben oder eine polygonale Caldera. Es sei angemerkt, daß wahrscheinlich eine noch ältere Bimssteinschicht existiert, die dann 7,5 Mio. Jahre alt wäre.

Dritte Periode: Zahlreiche Lavaströme, Staukuppen, Schlotpfropfen und Gänge entstehen vor 2,5 bis 1 Mio. Jahren, vom oberen Villafranchium bis ins mittlere Quartär. So ergießen sich die Feldspat-

Basalt-(Guéry-See: vor 2,2 Mio. Jahren), Ordanchit-, Basaltandesit-(Barie: vor 1,8 Mio. Jahren) und Doreitströme, in die Staukuppen von Phonolith, Sancyit (Monneron: vor 2,1 Mio. Jahren) und Rhyolith (Lusclade: vor 2,2 Mio. Jahren) eindringen.

Zu dieser Zeit entstehen die bedeutenden Gipfel des Mont-Dore-Massivs, wie der Puy de Sancy, die Banne d'Ordanche und der Aiguiller. Diese effusiven Tätigkeitsphasen werden von detritischen Ablagerungen begleitet, die die oberen vulkanosedimentären Schichten bilden.

Vierte Periode: die Magmenherde sind fast leer und nur einige basaltische Restmagmen ergießen sich noch im oberen Quartär vor 500 000 Jahren. Das ist für die Basalte von Champeix der Fall (vor 500 000 Jahren), von der Straße von Guéry (vor 500 000 Jahren) und vom Gipfel der Banne d'Ordanche (vor 700 000 Jahren). Die Vulkane von Tartaret, Ebert und Vivanson waren zur selben Zeit wie die Chaîne des Puys vor ein paar Tausend Jahren tätig.

Petrographie – Magmatologie

Der Mont-Dore, eine petrographisch sehr abwechslungsreiche Einheit, stellt eine komplexe vulkanische Abfolge dar, bei der man so unterschiedliche Gesteine wie Phonolith und Rhyolith antrifft.

Man muß einerseits die Laven, andererseits die Pyroklastika unterscheiden. Das Studium der Laven zeigt, daß es zwei Gesteinsabfolgen gibt; die eine normal, kieselsäurearm und deswegen als untersättigte Abfolge bezeichnet, die andere, außergewöhnlichere, reich an Kieselsäure, die man als gesättigte Abfolge bezeichnet.

Die untersättigte Abfolge enthält Olivinbasalte (Charlannes), Basaltandesite (Banne d'Ordanche) und Phonolithe (Roches Tuilière und Sanadoire).

Die gesättigte Abfolge enthält olivinarme Basalte (Cascade de Guéry), Doreite (Laqueille), Sancyite (Sancy) und Rhyolithe (Lusclade).

Diese Gesteine bilden die Lavaströme, die peléanischen Kuppen, die Staukuppen, die Schlotpfropfen und Gänge des Massivs. Beide Abfolgen vermischen sich im Gelände, sie haben keine ihnen eigene geographische Verteilung.

Die Pyroklastika bestehen hauptsächlich aus den beiden Bimssteindecken, die im großen und ganzen rhyolithischer Natur sind.

Die magmatologische Interpretation der Verschiedenheit der Gesteine stellt viele Probleme, und man hat alle Mittel der Petrographie, der Sedimentologie, der Geochemie und der Geophysik angewendet, um ein besseres Verständnis der geologischen Geschichte der Vulkane zu erreichen. Es gibt zwei Lehrmeinungen, die die Entwicklung der Magmen unterschiedlich sehen. Wir werden ihre Theorien, die versuchen, die Gegenwart der beiden petrographischen Abfolgen, der an Kieselsäure gesättigten und der untersättigten, zu erklären, hier anführen.

1) Theorie von Louis Glangeaud

Nach Professor GLANGEAUD befindet sich unter dem Mont-Dore eine basaltische Magmenkammer in Kontakt mit der granitischen Erdkruste. Für ihn besteht der Grundmechanismus aus der Aufschmelzung dieses Granits im Kontakt mit der basaltischen Intrusion. Letztere, die eine Temperatur von 1000 °C hat, verursacht mit der Zeit eine Temperaturerhöhung des Granits in Abhängigkeit von der thermischen Leitfähigkeit und der spezifischen Wärme. Das führt zu einer Aufschmelzung, die von den Geologen Anatexis genannt wird. Die geschmolzenen oder halbgeschmolzenen Gesteine können nachträglich drei Entwicklungen durchmachen:

- Ein Teil des Magmas, das im Kontakt mit dem Basalt geschmolzen ist, wird dazu neigen, nach oben zu steigen und wird an der Oberfläche in Form von Staukuppen aus Rhyolith (Lusclade) und Trachyt (Montmie) austreten.
- Der größte Teil des Granits wird in der Tiefe bleiben und von Konvektionsströmungen durchbewegt werden. Durch Diffusion wird es zu Kontaminierungen sowie Mischungen zwischen granitischem und basaltischem Magma kommen. Diese gemischten Laven bilden die Hauptmenge der Ergüsse des Mont-Dore. Die Ignimbrite (Rochefort-Montagne), die Sancyite (Sancy), die Doreite (Laqueuille) und die Phonolithe (Roches Tuilière und Sanadoire) gehören hierzu.
- Das basaltische Magma, das fern vom Kontakt mit Granit war, hat sich langsam entwickelt und ausgedehnte Basalt-, Feldspat-Basalt- und Ordanchit-Ergüsse geliefert.

Diese drei Typen sind nicht zeitlich aufeinandergefolgt, und man beobachtet im Gelände, daß die verschiedenen Gesteinsarten sich nicht in einer genauen zeitlichen Abfolge ergossen haben. Die Entwicklung der gemischten Laven müßte allerdings auch viel länger gedauert haben als die schwache Entwicklung inmitten der Basalte. Als Schluß mißt diese Theorie der Kontaminierung eines basaltischen Magmas durch eine Granitkruste eine wesentliche Bedeutung bei.

2) Theorie von Robert Brousse

Nach Professor Brousse befinden sich zwei unabhängige Magmenkammern unter dem Mont-Dore: eine tiefe Kammer mit olivinreichem Basalt und eine oberflächennähere mit olivinarmem Basalt, der im Kontakt mit der Granitkruste kontaminiert wurde und sich dadurch an Kieselsäure anreicherte. Die Magmen hätten sich unabhängig entwickelt:

- Das Urmagma der tiefen Kammer mit olivinreichem Basalt hätte sich zunächst zu Basaltandesit, dann Feldspat-Basalt, Ordanchit und zuletzt Phonolith differenziert. Das ist die untersättigte Abfolge. Das Magma wäre direkt von der Basaltschicht zur Oberfläche aufgestiegen.
- Das Urmagma der oberen Kammer mit olivinarmem Basalt hätte sich zur gleichen Zeit differenziert und im Kontakt mit dem Granit an Kieselsäure angereichert und sich in Doreit, Sancyit und schließlich Rhyolith differenziert. Dies ist die gesättigte Abfolge. Dieses Magma hätte lange Zeit in der Kammer im Innern der Erdkruste verweilt.

Es soll ein gemeinsames Urmagma gegeben haben, bevor die magmatische Differentiation anfing, die zu den gesättigten und untersättigten Abfolgen in unabhängiger Entwicklung führte. Das Urmagma der gesättigten Abfolge, das wir als olivinarmen Basalt bezeichneten, wäre also am Ursprung des olivinreichen Basalts zu suchen und hätte sich durch Kontaminierung an Kieselsäure angereichert. Wie man sieht, ist die magmatische Entwicklung sehr komplex, genau wie ihre Interpretationen. Nur erfahrene Petrographen können behaupten, diese Theorien bis in jede Einzelheit zu verstehen.

Exkursionen

Der Mont-Dore**

sehr leicht erreichbar
Geologisch interessant: Thermalquelle
Mindestdauer: zwei Stunden

Der Mont-Dore ist ein geschätzter Kurort. Das Wasser wurde schon von den Galliern in primitiven Bädern, deren Überreste man unter den römischen Thermen gefunden hat, genutzt. Letztere waren bedeutend und die Ruinen sind noch in dem heutigen Kurhaus zu sehen.

Die Quellen, die aus einer Spalte fließen, sind die kieselsäurereichsten Frankreichs. Sie sind kohlensäurereich und haben Temperaturen von 38°C bis 44°C. Diese Quellen dienen zur Behandlung von Asthma und Lungenkrankheiten.

Der Mont-Dore ist Ausgangspunkt vieler Bergtouren, die einen wunderbaren Überblick über den Vulkanismus des Massivs geben.

Puy de Sancy*** (Farbbild 20, S. 157)

4 km südlich des Mont-Dore
ziemlich leicht erreichbar, eine Drahtseilbahn führt zum Sancy; aber im Frühling und Herbst fährt sie nicht täglich.
Geologisch interessant: Schlotfüllungen, Gänge und Sancyitergüsse, Panorama
Mindestdauer: fünf Stunden

4 km südlich des Mont-Dore ragt das Sancy-Massiv mit 1886 m Höhe empor. Die Erosion hat es tief eingeschnitten und so seine interne Struktur sichtbar gemacht. Die Spitze des Sancy besteht aus einem sehr großen Schlotpfropfen. Das Gestein, aus dem er besteht, hat man Sancyit genannt; es handelt sich um einen hellen Trachyandesit mit porphyroidischem Gefüge, der zum Trachyt tendiert. Er enthält große, oft gut ausgebildete Sanidineinsprenglinge, Oligoklas, Biotit, Hornblende und gelegentlich etwas Tridymit und Cristobalit. Man kann schöne Proben dieses Gesteins in dem Bach in der Nähe der unteren Seilbahnstation, sowie am Gipfel des Puy de Sancy als Schlotfüllung und Gänge finden. Der Aufstieg zum Gipfel des Sancy, von dem aus man das Mont-Dore-Massiv in grandiosem Panorama betrachten kann, ist für den Petrographen besonders interessant. Westlich der Seilbahn befindet sich das Val de l'Enfer, wo man zahlreiche Schlotfüllungen und Gänge bewundern kann. Auf der Ostflanke des Sancy hat die Erosion ein wunderbares Tal eingegraben: das Chaudefour-Tal, das man durch die D 36 von Mont-Dore nach Besse-en-Chandesse leicht erreichen kann; 400 m hinter der Brücke über die Couze nimmt man rechts einen schlechten Weg, der zum Chalet Ste-Anne führt und ins Tal hinaufsteigt; dort gibt es die schönsten Schlotfüllungen und Gänge des Massivs, unter ihnen den Puy Ferrand, den Puy de la Perdrix (Station der Sesselbahn von Super-Besse), den Dent de la Rancune und die bei den Bergsteigern bekannte Crête du Coq auf dem Nordhang.

Die Sancyitaufschlüsse sind zahlreich. Über dem Phonolith-Betrieb von Monneron, längs der RN 496 zwischen dem Mont-Dore und La Bourboule, ist ein Steinbruch in einem an Oligoklaseinsprenglingen, Augit und Biotit reichen Sancyiterguß angelegt, der von der Banne d'Ordanche kommt.

Ein anderer Aufschluß befindet sich unter dem Croix St-Robert-Paß südlich der D 36. Dort ist der Sancyit wegen seiner großen Sanidinkristalle besonders schön. Der Sancyit hat sich auf verschiedene Weisen ergossen:

1) in Form von Schlotpfropfen und Gängen am Gipfel des Sancy, im Val d'Enfer und dem Chaudefour-Tal;
2) als Stoßkuppen wie der Capucin (Farbbild 18, S. 155), die Puys de Laladou, de la Tache, de Mone und de Cuzeau;
3) als Staukuppen in Charlannes und am Puy von Gros;
4) in dicken Lavaströmen wie an der Grande Cascade oder am Puy Ferrand.

Der Sancyit der Staukuppen und der dicken Lavaergüsse ist dunkler als derjenige der Schlotfüllungen, der Gänge und der Stoßkuppen.

Die 30 m hohe Grande Cascade am südöstlichen Ausgang des Mont-Dore, nach 400 m auf der Straße nach Besse, ist berühmt bei den Geologen. Man beobachtet hier eine Abfolge von verschiedenen Formationen. In eine vulkanosedimentäre Abfolge eingereiht findet man vom Liegenden zum Hangenden

- zwei Feldspat-Basaltergüsse
- eine feine Sancyitschicht
- eine sehr dicke Sancyitschicht mit großen Sanidinkristallen, welche die Schwelle des Wasserfalls bildet, und die auf dem Plateau von den Doreiten von Durbisse bedeckt ist.

Der Sancyit ist manchmal verwittert, und man kann dann Sanidinkristalle von 3–4 cm Länge finden, die nach dem Karlsbader-Gesetz verzwillingt sind. Man findet sie hauptsächlich unter dem Puy de la Tache, beim Capucin, beim Puy de Gros und in den roten Geröllen des Puy de la Plate.

Die Sancyit-Vulkangebäude des Mont-Dore-Massivs findet man hauptsächlich im Innenteil des Vulkans. Sie haben sich vor ziemlich kurzer Zeit, vor 1 oder 2 Mio. Jahren im Quartär gebildet.

Roches Tuilière und Sanadoire***

12 km nördlich des Mont-Dore
leicht erreichbar
Geologisch interessant: Schlotfüllungen aus Phonolith, obere vulkanosedimentäre Abfolge, Ordanchit
Mindestdauer: eine Stunde

Nimmt man die N 683 nördlich des Mont-Dore hinter dem Gletschersee von Guéry, der im Norden durch einen Feldspat-Basaltstrom abgeriegelt ist, dann bekommt man eine beeindruckende vulkanische Landschaft zu Gesicht. Links die Schlotfüllung der Roche Tuilière, rechts die von Sanadoire, die durch einen sehr weites Gletschertal, in dem der Granit-Untergrund zutage tritt, voneinander getrennt sind. Im Norden ist dieses Tal durch drei Lavaströme abgeschlossen, zwei von Westen kommende (ein Basalt- und ein Doreitstrom) und einer aus Ordanchit, von Osten kommend.

Die Roche Tuilière (Farbbild 19, S. 156) weist auf ihrer Ostflanke bewundernswerte Phonolithsäulen auf, es handelt sich wahrscheinlich um einen Vulkanschlot. Die Roche Sanadoire zeigt auf ihren Flanken ziemlich kleine säulige Absonderungen, die Garben bilden; hier handelt es sich um Überreste eines vulkanischen Kegels. Die Phonolithe, die diese zwei Felsen bilden, haben einen fettigen Glanz und spalten sich in klingende Platten, Einsprenglinge von 1–2 mm Größe machen 4–30% des Gesteins aus. Es sind Andesine, Anorthoklase und gelegentlich Sanidine. Hinzu kommen noch Augit-, Amphibol- und Titanitkristalle sowie einige Foide, besonders in der Matrix.

Diese Phonolithe sind oft verwittert, die Blöcke sind mit einer weißen, kreidigen Schicht bedeckt oder lassen eine Sphärolithtextur erkennen.

Die Roche Tuilière besteht aus einem Phonolith mit Nephelin in Form kleiner hexagonaler Prismen, die mit bloßem Auge schwer erkennbar sind und rosafarbenen Sodalith enthalten. Die Roche Sanadoire hingegen besteht aus einem Phonolith mit Nosean, der ursprünglich blau war und dann durch Verwitterung ziegelrot geworden ist. Er enthält Analcim in schönen durchsichtigen Kristallen von einigen mm Größe. Man kann diese beiden Phonolitharten leicht sammeln.

Man erreicht die Roche Sanadoire von einem Autoparkplatz an der N 683; der Phonolith ist gut aufgeschlossen bei einer Höhle auf der Ostflanke. Es sei angemerkt, daß man entlang der N 683 in Richtung des Guéry-Passes schöne Anschnitte der oberen vulkanosedimentären Abfolge (Brekzien, Tuffe, Cinerit, Feldspatsande) sieht. Hingegen, wenn man die gleiche N 683 in Richtung Clermont-Ferrand hinunter geht, sieht man 600 m rechts davon in einem alten Steinbruch einen Ordanchit aus dem Puy de l'Ouire. Das Gestein ist dunkel mit Augit und Hornblende, die roten Punkte sind verwitterter Hauyn. Um zum Roche Tuilière zu gelangen, geht man zurück zum Guéry-Paß, und von da aus nimmt man die D 80 in Richtung Rochefort-Montagne, die am Fuß dieses Schlotes vorbeiläuft. In dem Geröll kann man schönen Phonolith sammeln.

Es gibt andere Phonolithvarietäten, wie etwa die mit Nephelin und Sodalith von der Montange de Bozat, südöstlich La Bourboule, oder vom Puy Cordé, östlich des Guéry-Sees oder auch die mit Sodalith und Analcim vom Piton und von Trioulérou.

Es gibt einen sehr schönen Aufschluß von prismatischem Phonolith in dem Steinbruch von Monneron längs der N 496, zwischen dem Mont-Dore und La Bourboule. Das Gestein hat einen fettigen Glanz, ist grünlich und spaltet sich in klingende Platten. Es enthält Sanidin-, Andesin-, Augit-, Titanit- und Noseaneinsprenglinge. Es bildet eine Staukuppe, die vor 4,3 Mio. Jahren entstand.

Die Phonolithkuppen des Mont-Dore-Massivs findet man vor allem in seinem Innern. Sie stammen zum größten Teil aus dem Pliozän.

Die Phonolithe der Roches Tuilière und der Sanadoire werden wohl ebenfalls aus dem Pliozän stammen.

La Bourboule*

sehr leicht erreichbar
Geologisch interessant: versteinernde Thermal-Quellen, Harnischfläche
Mindestdauer: drei Stunden

La Bourboule ist wahrscheinlich einer der berühmtesten Kurorte der Welt. Die Quellen, die aus dem Boden sprudeln, sind alle arsenhaltig und ihre Wirksamkeit bei Asthma, Blutarmut und Hautbehandlungen ist anerkannt.

Es gibt drei Hauptquellen:

- die Quelle von Choussy-Perrière, die 400 l/min fördert und 60°C warm ist. Sie enthält 7 mg Arsen/l und 3 g Natriumchlorid und -hydrogencarbonat; sie ist sehr radioaktiv.
- die Croizat-Quelle fördert 150 l/min, hat die gleiche Zusammensetzung wie die von Choussy, ist aber nicht radioaktiv.
- die Quelle von Fenestre ist kalt und nur wenig mineralisiert.

Es gibt zwei Kurhäuser, die Grands Thermes und Choussy. Hinter dem letzteren kann man eine wunderbare Harnischfläche in Ostwest-Richtung beobachten, die den vulkanotektonischen Graben der Haute-Dordogne begrenzt. Ein ganzer Block ist gegenüber dem Horst der Roche des Fées um 340 m abgesunken. Zuletzt wäre noch 4 km östlich davon, bei der D 13, eine sehenswerte versteinernde Quelle anzuführen.

Lusclade**

2 km von La Bourboule
leicht erreichbar
Geologisch interessant: Kuppe von glashaltigem Rhyolith, Diatomeenhaltige Agglomerate, Sancyitgang
Mindestdauer: eine Stunde

Nimmt man die N 496 von La Bourboule in Richtung vom Mont-Dore, erreicht man nach 2 km den Steinbruch von Planches de Lusclade an der Abzweigung der Straße nach Murat-le-Quaire. Man fördert hier einen glasigen Rhyolith als leichtes Schleifmittel und als Rohstoff für die Glasindustrie. Das Gestein ist kompakt, seine Struktur wird am Rand der Lagerstätte perlitisch. Seine Farbe ist gräulich und wird in der glasigen Fazies schwarz. Durch Umwandlung oder Entglasung wird es rot, eine Färbung, die der Oxidation des Magnetits zu Hämatit oder Goethit zu verdanken ist. Normalerweise ist ein fluidales Gefüge stark ausgeprägt. Nur 6% des Gesteins bestehen aus Sanidin- und Anorthoklaseinsprenglingen, der Rest ist eine Masse amorphen Glases. Die Einsprenglinge waren schon im Magma vorhanden, als die Rhyolithkuppe entstand. Die zahlreichen gekrümmten Brüche in der Grundmasse, die perlitische Sprünge genannt werden, sind entstanden, als der Lavastrom aufgehört hat zu fließen. Diese Rhyolithe sind gelegentlich entglast und rekristallisiert und haben schöne Sphärolithe aus Sanidin- und Cristobalitkriställchen gebildet.

Am Fuße der Lusclade-Kuppe findet man, z. B. im Planches-Steinbruch, ein mächtiges ungeordnetes Agglomerat von Rhyolithblökken, die in einem Zement der gleichen chemischen Zusammensetzung liegen. Man hat dort Diatomeen gefunden, die beweisen, daß der untere Teil der Rhyolithkuppe sich in einem See gebildet hat. Der Kontakt mit dem kalten Wasser hat die Zerbröckelung der Lava verursacht. Die späteren Förderprodukte der Kuppe haben sich subaerisch ergossen. Sie sind körniger und weniger perlitisch als die ersten Ergüsse.

Im Steinbruch begrenzt ein gut sichtbarer Sancyitgang heute die große Abbaufront; er ragt über den rhyolithischen Lavaerguß hinaus. Man kann wunderbare Proben von glasigem Rhyolith in diesem Tagebau sammeln. Die Rhyolithkuppe von Lusclade ist die berühmteste des Mont-Dore-Massivs, aber sie ist nicht die einzige. 500 m nördlich von La Bourboule, im kleinen Dorf Pessy, enthält eine kleine gelbliche Cinerit-Felswand isolierte Perlite, die durch einfachen Fingerdruck schalig abblättern. Weitere Vorkommen von glasigem Rhyolith sind aus dem Dorf Pregnoux und von der Straße nach

Vendeix bekannt. In Pedaire, 2 km nördlich von Murat-le-Quaire, besteht eine Staukuppe aus einem speziellen Rhyolith mit großen Sphärolithen. Um dahin zu gelangen, nimmt man die asphaltierte Straße von Murat-le-Quaire in Richtung Banne d'Ordanche bis zum Autoparkplatz. Von hier aus erkennt man im Westen das Dorf Pedaire und links davon eine Talmulde; man steigt hinunter in Richtung der Muldenachse, wo nach 400 m, am Rand eines Buchenwaldes, die Pyromeriden von Pedaire aufgeschlossen sind. Das Gestein besteht aus gespalteten Kugeln von 1 bis 10 cm Durchmesser, die von einer rosafarbenen Masse umgeben sind. Viele Löcher oder Lithophysen, die mit Zeolithen und Cristobalit übersät sind, lassen das Gestein gepunktet erscheinen. Diese Blasenhohlräume rühren von Gasen her, die bei der Entgasung des Gesteins Vakuolen gebildet haben. Die Pyromeriden werden die Petrographen interessieren. Die Kuppen und Lavaströme aus glasigem Rhyolith liegen alle im Zentrum des Grabenbruchs der Haute-Dordogne und stammen aus dem oberen Villafranchium vor ungefähr 2 Mio. Jahren.

Rochefort-Montagne**

in der Umgebung der Ortschaft Rochefort-Montagne
leicht erreichbar
Geologisch interessant: Bimssteindecke, fossilführende vulkanosedimentäre Einschaltungen
Mindestdauer: eine Stunde

Man nimmt die D 216, dann in Gioux die D 27 E in Richtung Orcival; bei der Abzweigung des Wegs nach Fléchat nach 1200 m liegt – in Rochefort-Montagne – ein Steinbruch in der oberen Bimssteindecke. Es handelt sich um eine Brekzie mit glasigen Bruchstücken und glasigem Zement. Als vereinzelte Kristalle findet man bipyramidalen Quarz, Anorthoklas, Pyroxen, Biotit, gelben Titanit, weißen Apatit, roten Zirkon und schwarzen Magnetit. Die Bimssteine ihrerseits bestehen aus rhyolithischem faserigem Glas. Die Decke ist im Aufschlußbereich weder geschichtet noch korngrößenmäßig sortiert. Psilomelanadern durchziehen die Bimssteine, die im Hangenden von einer vulkanosedimentären Schicht bedeckt sind, die wiederum noch von einem Feldspat-Basalterguß überlagert wird.

Nach 2 km, südlich von Rochefort-Montagne, direkt hinter der Clidel-Brücke, 70 m hinter der Kurve der N 89, treten in der Straßenböschung 2 m dicke vulkanosedimentäre Einschaltungen auf, die im Liegenden durch einen Ankaramitstrom begrenzt sind, der in einem Steinbruch bei der Clidel-Brücke abgebaut wird, und die von einem Basalt vom Puy d'Ourceire überlagert werden. Man unterscheidet vom Liegenden zum Hangenden eine Diatomeenschicht, Lignite, verhärteter Staubtuff, fossilführende lignitische Tone und einen schwarzen Sand.

Die Pflanzenfossilien sind vor allem Koniferen. Diese Schichten haben sich vor weniger als 3 Mio. Jahren während eines kalten Klimas zu Beginn des Villafranchiums abgelagert.

See von Chambon**

nördlich des Sees von Chambon
ziemlich leicht erreichbar
Geologisch interessant: weiße Staubtuffe und fossilführende Tone mit Diatomeen
Mindestdauer: zwei Stunden

In der nächsten Umgebung des Sees von Chambon trifft man viele kleine rundliche bewachsene Hügel an. Beim Graben stößt man auf weiße Staubtuffe und Tone mit Diatomeen, die zu den vulkanosedimentären Einschaltungen gehören. Es gibt hauptsächlich zwei interessante Fossilfundpunkte: einen am Rand des Autoparkplatzes am See, den anderen in der Talmulde oberhalb des Dorfes Varennes. Dieser letztere ist allerdings ziemlich schwer ausfindig zu machen. Inmitten dieser weißen Staubtuffe findet man unzählige Reste von Buchen-, Ahorn-, Ulmen- und Weidenblättern sowie von vielen anderen Pflanzen. Man entdeckt auch gelegentlich Insekten. Diese beiden Fundpunkte werden als die reichsten Fundpunkte für Pflanzenfossilien des Mont-Dore-Massivs betrachtet. Die Staubtuffablagerungen sind entstanden durch Niederschlag von vulkanischen Aschen in einen See. Blätter und kleine Äste von Bäumen, die um den See wuchsen, haben sich unter diese Ablagerungen gemischt.

Die weißen Staubtuffe des Chambon-Sees stammen aus dem unteren Villafranchium vor weniger als 3 Mio. Jahren.

Es gibt noch viele Staubtuffvorkommen mit Pflanzen im Mont-Dore-Massiv, aber sie haben im allgemeinen eine geringe Verbreitung. Es sei angemerkt, daß im Norden des Sees ein großer Talkessel liegt, dessen steile Wände bis 100 m hinaufragen und der schöne Aufschlüsse mit vulkanischen Produkten aufweist. Man hat diesen Steilhang Dent du Marais oder Saut de la Pucelle genannt. Es handelt sich um einen Vulkan aus dem Pliozän, eine Caldera, die von Gletschern abgetragen wurde.

Monton**

14 km südöstlich von Clermont-Ferrand
leicht erreichbar

Geologisch interessant: Schlammströme (Lahars)
Mindestdauer: eine Stunde

Nimmt man die N 9 südöstlich von Clermont-Ferrand und biegt nach 12 km rechts in die D 13 ein und dann in die D 3, so kommt man zu dem Dorf Monton, das am Fuße eines Hügels liegt, auf dem eine große Marien-Statue steht. Man erkennt eine weiße Felswand, die voller Löcher ist. Es handelt sich um eine mächtige Ablagerung von bimssteinartigen Tuffen aus dem Villafranchium.

In diesen Bimssteinaschen trifft man auf enorme Phonolith-, Basalt-, Andesit- und Sancyitblöcke sowie Gneis- und Granitfragmente. Diese 50 m mächtige Schuttanhäufung besteht aus Schlammströmen von den Vulkanen des Mont-Dore, die eine Strecke von etwa 30 km durch das Veyre-Tal zurückgelegt haben. Die Lahars müssen eine unglaubliche Stärke besessen haben, da sie erst nach mehreren Dutzend km zum Stillstand kamen und die Blöcke, die sie mitführten, oft von riesigen Ausmaßen waren.

Bei den Reiserouten des Mont-Dore führen wir das Maison des Volcans in Aurillac, Chaudes-Aigues im Cantal sowie Bort–les-Orgues im Sillon Houiller an. Der spezielle Charakter dieser drei Stätten, die eigentlich nicht zu den hier aufgeführten Vulkanen gehören, hat uns dazu veranlaßt, sie trotzdem in dieses Buch aufzunehmen.

Maison des Volcans***

Aurillac
sehr leicht erreichbar, Eintrittsgebühr, im Sommer täglich geöffnet (außer Sonntagmorgen) von 9–12 und von 14–18 Uhr
Geologisch interessant: Ausstellung über den Vulkanismus in Frankreich und in der Welt, über Meteorite und den Weltraum
Mindestdauer: ein halber Tag

In Aurillac im Cantal geht man zum Schloß St. Etienne, das die Stadt überragt und in dem sich eine wunderbare Ausstellung über Vulkanismus befindet. Sie ist in drei Teile gegliedert:

Vulkane Frankreichs

Nach einer allgemeinen Einführung durch einige Bilder werden die verschiedenen Vulkangebiete Frankreichs aufgeführt: Die Geschichte des Cantal, die Chaîne des Puys, der Mont-Dore, der Velay, die Causses . . . Mehr als 200 Wandtafeln mit Karten, Farb- und Schwarzweiß-Bilder tragen zur Erklärung und Illustration bei. Steinsammlungen verkörpern die Entstehung der jungen französischen Vulkane.

Der alte Vulkanismus, sei er aus der Bretagne, den Vogesen oder den Pyrenäen, wird in diesem Panorama Frankreichs nicht vergessen.

Eine Reihe von Dokumenten erklärt die klassischen und modernen Forschungsmethoden: Polarisationsmikroskop, Luftbilder, Mikrosonde oder Elektronenmikroskop, experimentelle Synthesen . . .

Vulkane der Welt

Die 150 Wandtafeln dieses Saals konnten dank der Zusammenarbeit von mehr als 50 Ländern und ihren geologischen Diensten zusammengestellt werden.

Man bekommt eine vulkanologische Weltreise präsentiert: Europa (Jugoslawien, Italien, Iran, Tschechoslowakei, Spanien, Deutschland . . .), Afrika (Äthiopien, Zaire, Sahara . . .), Atlantik (von Island bis nach Tristan da Cunha), Amerika (Nord- und Süd-), Pazifik (Tahiti, Hawai . . .), Japan, Indischer Ozean, Antarktis . . .

Auch hier vervollständigen Karten, Photos und Diagramme die Steinsammlungen aus der ganzen Welt.

Die verschiedenen Erscheinungsformen der submarinen oder Oberflächen-Vulkane, ob explosiv oder effusiv, die Tätigkeiten mit glücklichem oder katastrophalem Ausgang (eine Vitrine zeigt geschmolzene Objekte vom Ausbruch des Pelée im Jahre 1902) werden hier ebenfalls gezeigt.

Weltraum

Durch die Zusammenarbeit mit dem Muséum d'Histoire Naturelle von Paris kann das Maison des Volcans eine vollständige Ausstellung über die merkwürdige Welt der Meteorite zeigen. Auch werden hier die Vulkanologie des Mondes und die Konsequenzen der Weltraumforschung zum besseren Verständnis unserer eigenen Erde dargelegt.

Das Museum besitzt mehrere Filmvorführräume, die ständig Diapositive und Filme zeigen, sowie eine Bibliothek und einen Verkaufsschalter, alles in Zusammenhang mit Vulkanen. Jedes Jahr finden zeitweilige Ausstellungen über Themen bezüglich der Vulkane statt.

Chaudes-Aigues** (Farbbild 21, S. 157)

sehr leicht erreichbar
Geologisch interessant: Thermalquellen
Mindestdauer: eine Stunde

Wie der Name besagt, besitzt Chaudes-Aigues heiße Quellen, die aus der Stadt einen berühmten Kurort gemacht haben. Es gibt hier etwa

20 Quellen verschiedener Fördermengen und Temperaturen, deren bekannteste die Source du Par ist, die eine Temperatur von 87 °C hat und 10 000 hl/Tag fördert. Diese Quellen sind sehr radioaktiv und mineralreich. Die Berühmtheit von Chaudes-Aigues rührt aus ältesten Zeiten her: schon im 5. Jahrhundert erfreute sie sich eines guten Rufes. Man hat dort galloromanische Thermen gefunden. Das Emblem der Stadt ist ein rauchender Vulkan, Symbol für das Bäderwesen des Ortes. Ein Kurhaus wurde gebaut, wo man vor allem Rheuma und Knochenbrüche behandelt. Chaudes-Aigues ist die einzige Stadt des europäischen Festlandes, die mit natürlichem heißem Wasser aus dem Boden geheizt wird.

Bort-les-Orgues**

leicht erreichbar
Geologisch interessant: Phonolithsäulen
Mindestdauer: eine Stunde

Nimmt man die D 124 am südlichen Ausgang von Bless-les-Orgues, kommt man nach Chantery, und direkt hinter den letzten Häusern dieses Dorfes gelangt man zu dem Fuß der Phonolithsäulen. Geht man die D 127 weiter, erreicht man nach einer Abzweigung nicht sehr weit von einer Orientierungstafel das Plateau dieser Phonolithe; von hier aus hat man eine wunderbare Aussicht über das Dordogne-Tal, den Cantal und den Mont-Dore. Die Phonolithsäulen von Bort gehören zu den berühmtesten Frankreichs. Sie sind etwa 80 m hoch und überragen die Stadt um fast 300 m. Es sind Überreste eines Lavastroms, dessen Ursprung im Puy de Bort lag. Es ist ungewöhnlich, daß ein Phonolith einen Strom von 1500 m Länge gebildet hat, da die phonolithischen Ausbrüche fast immer zu zähflüssig sind und Staukuppen bilden. Im Gestein fallen kleine schwarze Hauynkristalle auf. Gewöhnlich schreibt man dieser Formation ein miozänes Alter zu.

Velay

Der Velay liegt am Osthang des Zentralmassivs und ist mit 900 km^2 vulkanischer Bildungen bedeckt.

Geographische Lage

Er umfaßt hauptsächlich drei Gebiete:

- im Osten die vulkanische Folge von Mézenc-Meygal mit dem Becken von L'Emblavès;

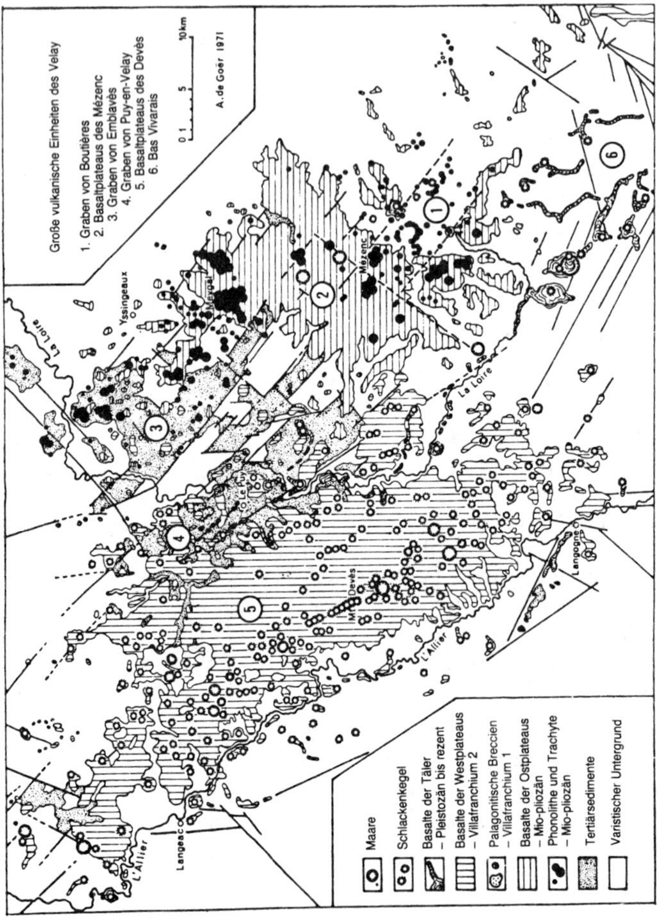

Abb. 25 Geologische Karte des Velay (nach *De Goer, A.* [1971]; aus *Jung, J.* [1971]: Géologie, géomorphologie et structure profonde du Massiv Central français. – Clermont-Ferrand [Plein Air Service, Édition Scientifique])

- in der Mitte die Breccien des Beckens von Puy en Velay;
- im Westen die Chaîne du Devès.

Diese Vulkankomplexe wurden anhand der Kalium/Argon-Methode, des Paläomagnetismus und vor allem der Stratigraphie datiert. Tatsächlich gibt es im Velay zwei Sedimentationsphasen, die von einer Erosionsphase getrennt sind. Die erste Sedimentationsphase stammt aus dem untersten Villafranchium und ist durch Mastodonten-Sande mit Ton- und Agglomerateinschaltungen charakterisiert. Die zweite jüngere Aufschüttung stammt aus dem eigentlichen Villafranchium; Tone, Sande und große Agglomeratbänke haben sich angesammelt. Schotterterrassen, Hangablagerungen und Blocklavaströme charakterisieren das Pleistozän. Die Stellung des Vulkanismus in Bezug zu diesen stratigraphischen Orientierungspunkten erlaubt eine ziemlich genaue Datierung.

Die vulkanischen Gebäude scheinen jünger zu werden, je weiter man nach Westen geht.

Mézenc-Meygal

Dieser Vulkankomplex ist sehr hügelig. Die vulkanische Tätigkeit beginnt hier im Miozän, denn man hat Steine aus schwarzem Basalt in den Sanden von Monastier westlich von Mézenc gefunden. Diese Phase war aber ziemlich unbedeutend, die Hauptvulkantätigkeit dieses Gebiets datiert aus dem Pliozän. In einer ersten Phase bildeten sich einzelne Trachytkuppen und einige porphyrische Basaltströme. Danach, in einer zweiten Phase, überlagern sich zahlreiche Andesit- und Feldspat-Basaltströme (Talkessel von Boutières). Zuletzt, in einer dritten Phase, ergießt sich kompakter semiporphyrischer und porphyrischer Basalt in großen Mengen; einige Trachytkuppen und um die 50 Schlotpfropfen und Phonolithkuppen entstehen. Einige Explosionsmaare (Saint-Front) beenden diesen Zyklus. Die Basaltströme haben sich vor wohl 10 Mio. Jahren gebildet, die Phonolithkuppen hauptsächlich vor 7 Mio. Jahren und die Maare vor 1 bis 2 Mio. Jahren.

Die vulkanische Tätigkeit hat also mit bedeutenden, vor allem basaltischen Ergüssen begonnen, setzte sich fort mit Injektionen von Phonolith (einschließlich im Becken von l'Emblavès aus dem Oligozän), und endete in einer explosiven Phase mit Maarbildung.

Der gesamte Vulkanismus des Mézenc-Meygal liegt auf einem Granitsockel, dessen höchster Punkt bei 1400 m liegt und der von einer nordwest-südost-streichenden Störungslinie durchzogen wird.

Becken von Puy en Velay

Im Becken von Puy en Velay treten einige Felsen und tafelige Massen zutage, die aus Basanitbrekzien bestehen, welche gleichaltrig mit der ersten Sedimentationsphase sind. Mit bloßem Auge kann man glasige Basanitfragmente erkennen, die in einem goldgelben Palagonit-Zement schwimmen. Diese Breccien, die den isländischen Palagoniten und den sizilianischen Hyaloklastiten sehr ähnlich sehen, sind entweder geschichtet oder massiv. Ihr Ursprung ist direkt eruptiv, indem sie in wassergetränkte und noch weiche Sedimente aus dem Oligozän eindrangen, um später durch Abtragung wieder freigelegt zu werden. In der Stadt von Puy en Velay und ihrer Umgebung findet man solche Brekzienmassen. Es handelt sich entweder um isolierte Felsen wie der Felsen von Corneille und von St-Michel oder um tafelige Massen wie die Felsen von Polignac oder Bilhac.

Diese Injektionen von basanitischen Brekzien, die von der Erosion freigelegt wurden, haben sich vor 2 oder 3 Mio. Jahren gebildet (Breccie von Ceyssac). Sie weisen alle gewisse gemeinsame Merkmale auf, die ihr eruptives Wesen bestätigen:

- an den Rändern der Felsen zeigt die Breccie eine senkrechte Absonderung und plattige Strukturen;
- man beobachtet Breccienintrusionen in den Breccien;
- die Intrusionen haben eine pyramidale, zylindrische oder langgezogene Form;
- man beobachtet ein gewisses fluidales Gefüge in den Breccien;
- die verschiedenen Aufschlüsse reihen sich parallel in Südost-Nordwest-Richtung aneinander, was den großen Störungslinien des Gebietes entspricht. Es sei angemerkt, daß einige Lavaströme der Talsohle sich während des Pleistozäns in das Becken des Puy ergossen haben.

Devès

Diese sehr einfach aufgebaute vulkanische Einheit liegt zwischen der Loire und dem Allier, ist von Nordwest bis Südost 60 km lang und von Ost nach West 20 km breit. Man fand dort mehr als 150 strombolianische Kegel oder Reste alter Krater, die in diesem Gebiet „gardes“ (Schlackenkegel) genannt werden. Mitten im Devès bedekken große Basaltdecken das ganze Plateau; sie stammen aus den Kegeln. Zu diesen vulkanischen Formen kommen noch etwa zehn Explosionskrater oder Maare.

Die Schlackenkegel, die diese Region kennzeichnen, bestehen aus Olivinbasalt und aus Ankaramit mit sehr vielen Peridotitknollen aus dem oberen Mantel in 40 bis 50 km Tiefe. Der berühmteste unter ihnen ist der Vulkan Denise, er liegt an der Grenze zwischen dem Becken des Puy en Velay und dem Denise.

Sehr charakteristisch sind die Explosionsmaare. Unter den berühmtesten sind der See von Bouchet, die Explosionskrater von Landos, La Sauvetat und der Marais de Limagne zu nennen. Die Tätigkeit des Devès hat mit strombolianischen Schlackenkegeln und Basaltströmen während der zweiten Sedimentationsphase begonnen und endete vor weniger als 1 Mio. Jahren mit einer heftigen Explosionsphase, die die Ursache der Explosionskrater ist.

Der Basaltstrom von Vazeilles ist 1,8 Mio. Jahre alt, der von Coupet 1,9 Mio. Jahre. Vier sich überlagernde Lavaströme in St-Arcons d'Allier haben vom Liegenden zum Hangenden Alter von 2,7, 1,2, 0,9 und 0,6 Mio. Jahren.

Geologischer Rahmen

Der Vulkanismus des Velay ruht auf einem Grundgebirgssockel oder auf tertiären Ablagerungen des Einbruchgrabens. Der Mézenc-Meygal befindet sich an der Spitze einer Granit-Aufwölbung.

Erdgeschichtlicher Abriß

Der Vulkanismus beginnt während des Miozäns im Mézenc-Meygal und bleibt in dieser Gegend bis zum Ende des Pliozäns aktiv, wo allmählich der Vulkanismus des Puy en Velay-Beckens beginnt. Er ist noch nicht beendet, als der Devès tätig wird, der während des Pleistozäns seine Aktivität wieder einstellt.

Petrographie – Magmatologie

Man trifft hauptsächlich sechs Gesteinsarten an: Basalte, die im Devès viele Peridotitknollen enthalten, Andesite, Feldspat-Basalte sowie im Mézenc-Meygal Phonolithe und Trachyte. Außerdem finden sich Basanitbrekzien im Becken des Puy en Velay. Zwischenglieder sind selten, aber es gibt eine ununterbrochene magmatische Abfolge, die vom basischen (Basalt) in den sauren Bereich (Phonolith) übergeht. Auch hat man an den Dents du Mézenc Rhyolith gefunden.

Vom magmatologischen Standpunkt aus nimmt man an, daß ein alkalireiches basaltisches Magma durch komplexe Differentiation, aber ohne Kontaminierung durch den Granitsockel, Basanite, Feldspat-Basalte, Andesite, Phonolithe und Trachyte ergeben hat.

Exkursionen

Felsen von Saint-Michel d'Aiguille***

In der Stadt Puy en Velay
Geologisch interessant: basische Intrusion, Breccie, Schlotfüllung
Mindestdauer: eine Stunde

Im nördlichen Teil des Puy en Velay ragt als 82 m hohe Pyramide mit 80 m Basis der St.-Michel-Felsen empor. Eine Treppe mit 268 Stufen führt zu seiner Spitze, auf der eine wunderschöne Kapelle aus dem 10. Jahrhundert steht.

Das Relief besteht aus einer Basanitbreccie, die von dichten Basanit-Adern, die die Intrusion begleitet haben, durchzogen wird. Man erkennt eine ziemlich deutliche Spaltbarkeit in senkrechte Platten. Am Gipfel kommen häufig Graniteinschlüsse in der Breccie vor.

Der Saint-Michel-Felsen ist der Schlot einer Basanitbreccie, die in wassergetränkte Ablagerungen eines Absenkungsgebiets eingedrungen war.

Der Corneille-Felsen**

In der Stadt Puy en Velay
leicht erreichbar, Aufstiegsgebühr, festgelegte Öffnungszeiten
Geologisch interessant: basische Intrusion, Breccie
Mindestdauer: eine Stunde

Neben der Kathedrale von Puy en Velay liegt der 757 m hoch gelegene Corneille-Felsen, der die Stadt um 130 m überragt. Er ist in Südost-Nordwest-Richtung gestreckt und mißt an der Basis 250 m × 80 m. An seiner Spitze, die man über eine Treppe erreichen kann, steht die Statue von Notre-Dame de France, die 16 m hoch ist und 110 Tonnen wiegt. Dieser langgestreckte Fels besteht aus einer Eruptionsbreccie von glasigen Basanitkörnchen und -bruchstücken, die in einem ockergelben Zement schwimmen. Die gelbe Farbe stammt vom Palagonit. Steigt man den Felsen hinauf, bemerkt man während der letzten 10 m, daß die Breccie geschichtet ist. Am nördlichen Ende des Corneille-Felsens hat sie ein Einfallen von 60° Nord, am südlichen Ende 60° Ost, am Gipfel des Felsens, genau unterhalb der Statue, ist die Schichtung waagrecht.

Betrachtet man diesen Felsen in seiner Gesamtheit, so stellt man fest, daß er aus konzentrischen Zylindern besteht, die ineinander gefügt sind wie die Teile eines Teleskops. Diese Anordnung in konzentrischen Schalen, der kleinste Zylinder ganz oben, ist charakteristisch für eine Intrusion. Der Corneille-Felsen ist ein Gang einer basanitischen Breccie, die vor 2 Mio. Jahren in die noch mit Wasser getränkten Ablagerungen eines Absenkungsgebiets eindrang.

Espaly**

3 km westlich von Puy en Velay
leicht erreichbar, Eintrittsgebühr
Geologisch interessant: Gang, Basaltsäulen, Panorama
Mindestdauer: eine halbe Stunde

Nimmt man die N 102 westlich von Puy en Velay, ist nach 3 km der Fundort der Orgues d'Espaly ausgeschildert. Es handelt sich um einen 100 m langen und 70 m breiten Basaltgang, der 42 m über das Flußbett der Borne ragt. An seiner Flanke erheben sich die berühmten „Orgeln" von Espaly, die von erstaunlicher Regelmäßigkeit sind. Vom Felsen aus hat man eine wunderbare Aussicht auf die Stadt Puy und ihre Vulkankuppen mit dem Espaly-Felsen und der Saint-Joseph Statue im Vordergrund und dem Corneille-Felsen und dem Saint-Michel-Felsen in etwas weiterer Entfernung. In der Ferne erkennt man zur Linken das Meygal- und zur Rechten das Mézenc-Massiv.

Der Vulkan Denise**

4 km westlich von Puy en Velay
leicht erreichbar
Geologisch interessant: Schlackenkegel, Puzzolan-Gruben
Mindestdauer: eine Stunde

Man nimmt die N 102 westlich von Puy en Velay und kommt nach 4 km am Mont-Denise vorbei, wo es sehr große Steinbrüche gibt. Dieser strombolianische Kegel ruht auf einem Sockel von tertiären Sedimenten, basanitischen Brekzien und Tuffen, die Reste von *Elephas meridionalis* enthalten. Er hat einen Basaltstrom von 4 km Länge ostwärts ergossen, der bei Chadrac die Loire erreichte und im Norden den Horizont der Stadt Puy begrenzt. Durch Erosion wurde das Vulkangebäude stark beschädigt, und seine innere Struktur kommt zum Vorschein. Die großen Puzzolan-Gruben ermöglichen den Zugang zu dem eigentlichen Vulkanschlot, wo man eine Füllung von Schlacken und Lavafetzen beobachten kann. Man findet hier sehr schöne spindelförmige Lavabomben von allen Größen; sie enthalten oft einen Granitkern aus dem Untergrund, der von Basaltäderchen durchzogen ist. Der Vulkan Denise ist der am leichtesten erreichbare stombolianische Kegel des Puy en Velay. Es sei erwähnt, daß ein Gang mit nordsüdlichem Streichen unter das Vulkangebäude des Velay abtaucht. Er entspricht wahrscheinlich der Spalte, durch die die Lava aufstieg und den Vulkan errichtete.

Die Maare des Bouchet, von Costaros, von Landos, von Praclaux und der Sauvetat**

Südlich von Cayres
leicht erreichbar
Geologisch interessant: Maare, Explosionsbreccie
Mindestdauer: drei Stunden

Man nimmt die D 31 südlich von Cayres, dann die D 312 und kommt an das Ufer des Bouchet-Sees. Es handelt sich um einen sehr schönen Explosionskrater von 800 m Durchmesser und 28 m Tiefe. Auf einem Pfad kann man ihn in einer ¾ Stunde umwandern. Der Bouchet-See wird von keinem Bach gespeist und trotzdem beweist die Klarheit seines Wassers, daß es ständig erneuert wird. Ungefähr 1 km südwestlich von Costaros liegt ein weiterer Explosionskrater, aber dieser wird kaum beachtet. Er hat einen Durchmesser von 800 m und eine Tiefe von 30 m. Dieses Maar wurde direkt aus einer Basaltdecke gestanzt. 6 km südlich des Maares von Costaros öffnet sich bei Landos ein Explosionskrater von 1000 m Durchmesser und 30 m Tiefe. Er wird von Schlackenkegeln umgeben, die während der Explosion angeschnitten wurden. Auf dem Grund des Maares ist eine Quelle mit starker Schüttung. Das Maar von Praclaux bei dem Dorf gleichen Namens liegt in der Nähe des Maares von Landos. Es hat einen Durchmesser von 60 m und eine Tiefe von 20 m. Nördlich des Dorfes Praclaux sind Explosionsbreccien aufgeschlossen, die große Granit- und Gneisblöcke sowie Basalt- und Peridotitfragmente enthalten. Die D 53 führt schließlich von Landos nach La Sauvetat; nordöstlich von diesem Dorf öffnet sich eine schöne Senke von 1500 m Durchmesser und 60 m Tiefe in einem Basaltstrom; es handelt sich hierbei um das Maar von La Sauvetat. Bei dem Dorf, am Rand der Senke, werden in Steinbrüchen die Explosionsbreccien abgebaut. Alle diese Maare befinden sich auf der Südost-Nordwest-Achse des Plateaus von Devès. Die Maare von Praclaux, von Landos, von La Sauvetat, von Costaros und von Bouchet im Südosten sind mit den Maaren von l'Oeuf, von Beyssac, von Limagne, von Lespitallet, von Vazeilles und Chantuzier im Nordwesten verwandt. Alle diese Maare datieren auf die letzte vulkanische Tätigkeitsphase des Devès, am Ende des Villafranchium zurück.

Der See von Saint-Front*

23 km nordöstlich von Monastier sur Gazeille
leicht erreichbar
Geologisch interessant: Maar, Phonolithe, Amphibolkristalle
Mindestdauer: eine Stunde

Man nimmt die N 500 östlich von Monastier, dann nach 20 km die D 39, die zum Dorf von Saint-Front führt. Von dort aus führt die D 263 zum See gleichen Namens. Es ist ein Maar von 700 m Durchmesser und 10 m Tiefe, kreisrund und glatt aus einem Basaltstrom geschnitten. Er ist von einer geschichteten Brekzie umgeben, die in einem kleinen ehemaligen Steinbruch in einem Feld südlich der Straße nach Roffiac, 600 m von der D 263, gut zu sehen ist. Südlich des Dorfes Roffiac liegt der Tafelberg von Roches aus Nosean-Phonolith. Wenn man die Zeit hat, kann man sich auf der D 39 nach Bournac begeben und dann in eine kleine Straße einbiegen, die 4 km von Saint-Front entfernt rechts abzweigt. Dieses kleine Dorf wird von basaltischen Auswurfmassen beherrscht, in denen man schöne Amphibolkristalle (Kaersutite) und Grundgebirgseinschlüsse (Granulit, Amphibolit) sammeln kann.

Der See von Issarles*

17 km südlich von Monastier sur Gazeille
leicht erreichbar
Geologisch interessant: Maar
Mindestdauer: eine Stunde

Nimmt man südlich von Monastier die D 38 und dann die D 116, so kommt man zu dem Dorf Issarles und zu dem See gleichen Namens. Das ist ein wunderbarer Explosionskrater von 138 m Tiefe, 1 km Durchmesser mit sehr steilen Hängen, die hauptsächlich in den kristallinen Sockel geschnitten sind. In der Nähe des ehemaligen Strandes bemerkt man erstarrte Explosionsbrekzien, die aus kristallinen Bruchstücken und Basaltfragmenten bestehen. Das Seewasser wird von der EDF für eine unterirdische Fabrik in Montpezat genutzt.

Gerbier de Jonc**

32 km südöstlich von Monastier sur Gazeille
leicht erreichbar
Geologisch interessant: Phonolithschlot
Mindestdauer: eine halbe Stunde

Man nimmt die N 535 südöstlich von Monastier und nach 24 km die D 116 zum Gerbier de Jonc. Er ragt am Straßenrand auf. Es ist der schönste Nephelinphonolith-Schlot des Velays. Dieser Phonolith enthält gut erkennbare Sanidinkristalle und einige Augitnadeln. Diese Kuppe hat eine Höhe von 1551 m. Ihr oberer Teil ist grob prismenförmig, ihre Basis ist von Glazialschutt bedeckt. Am südlichen Fuß des Gerbier de Jonc liegt die Quelle der Loire. In der Ferne, gegen

Norden, erkennt man das beeindruckende Massiv des Mézenc, das ebenfalls aus Phonolith besteht.

Mézenc**

Umgebung von Mézenc
ziemlich leicht erreichbar, jedoch im Winter nicht durchführbar
Geologisch interessant: Maar, Phonolith, Panorama, Talkessel, Schlotfüllung
Mindestdauer: 5 Stunden

Von Fay sur Lignon (47 km östlich des Puy en Velay) kommt man auf der N 500 und der D 274 nach Chaudeyrolles. Am südlichen Dorfeingang liegt eine runde sumpfige Senke von 1500 m Durchmesser. Hierbei handelt es sich um ein von Explosionsbrekzien umgebenes Maar. Östlich von Chaudeyrolles ragt die Phonolithspitze des Mont Signon (1454 m) empor, südlich davon die des Mézenc (1753 m) mit den Dents du Mézenc aus Rhyolith im Vordergrund. Danach kommt man zur Croix de Peccata, von wo aus man die große Phonolithkuppe des Mézenc besteigen kann. Von deren Gipfel aus hat man bei klarem Wetter einen wunderbaren Blick über den Meygal, den Devès, das Puy-Becken und manchmal die Alpen. Der auch phonolithische Mont d'Alambre (1691 m) liegt westlich von der Croix de Peccata. Danach geht man hinunter zum Dorf Estables, nimmt die D 631 bis zur Croix de Boutières, unter welcher sich der wundervoll eingeschnittene Talkessel gleichen Namens befindet. Er ist in eine 200 m mächtige Abfolge von Andesit- und Feldspat-Basaltströmen geschnitten. Hinten im Talkessel von Boutières, südöstlich bei Borée, ragen Phonolith-Schlote auf wie die von Sara (1520 m), von Pradoux (1440 m) in Sichelform, der von Touron (1290 m) in Zuckerhutform. Geht man auf der D 378 hinunter in Richtung Borée, erblickt man im Süden die Schlote von Sara und den Felsen von Pradoux, im Norden den Schlot von Touron und den Felsen von Borée, dessen Phonolith in dem Steinbruch kurz vor dem Dorf abgebaut wird. Dieses Gestein ist reich an Feldspateinsprenglingen und enthält einige körnige Einschlüsse. In Borée nimmt man die D 215 in Richtung Saint-Martial. Nach 2 km, in einer scharfen Kurve, nimmt man den befahrbaren Weg, der rechts abbiegt und nach 2 km zum Ufer der Eysse führt. Hier steht man am Rand des Schlotes von Sara, der eigentlich ein Intrusionsringsystem ist. Es besteht aus Nephelin-Mikrosyenit, einem subvulkanischen Gestein, das am rechten Eysse-Ufer gut sichtbar ist. Das Gestein ist feinkörnig und von dunkelgrünen Ägirinäderchen durchzogen; der braun-violette Nephelin ist mit bloßem Auge gut erkennbar. Der Felsen von Pradoux stellt ebenfalls einen Intrusionsring dar (ring dike). Diese subvulkanischen Bauten haben sich direkt im Granitsockel errichtet, die Erosion hat sie nachträglich abgetragen.

Meygal*

in der Umgebung von Meygal
leicht erreichbar
Geologisch interessant: Schlot, Trachyandesit, Staukuppe, Phonolith, Pyroxen, porphyrischer Basalt.
Mindestdauer: drei Stunden

In Pertuis (20 km nordöstlich des Puy en Velay) nimmt man die D 22 in Richtung Saint-Julien-Chapteuil. 2 km nach der Kreuzung mit der D 18, ragt der Schlot des Monac auf der rechten Seite empor, auf der linken der Mont Chanis. Beide bestehen aus Trachyandesit. Man kann das Gestein des Monac näher betrachten, wenn man die D 261 nach Saint-Pierre-Eyrac nimmt, wo nach 330 m rechts ein Weg zu einem alten Steinbruch mit hellem porphyrischem Trachyandesit mit Feldspat und brauner Hornblende führt. Er enthält Einschlüsse des Grundgebirges und Sanidinite. In Saint Julien-Chapteuil nimmt man die D 15 in Richtung Boussoulet und kommt nacheinander an dem basaltischen Schlot des Schlosses von Chapteuil und an der Phonolithkuppe der Tortue (1327 m) vorbei. Ungefähr 3 km hinter Boussoulet, in Balayes auf der D 15, führt ein Weg links zu den großen „Lauzieres" von Belistard, die den Phonolith vom Meygal ausbeuteten. Man geht nach Balayer zurück, und 1 km hinter dem Dorf auf der D 15 nimmt man die D 47 und biegt in Richtung Mont-Buzat ein. Direkt hinter diesem Dorf erblickt man einen ockergelben Tuff mit vielen gut ausgebildeten und freigelegten Pyroxenkristallen. Man geht nach Balayes zurück, biegt aber vor dem Dorf rechts ein und wendet sich auf der D 42 und der D 26 nach Fay sur Lignon. Die D 154 zur Linken führt nach Grand Champagnac. Zwischen diesem Dorf und Petit Champagnac am Rand der Straße findet man porphyrische Basaltblöcke, die reich an großen Augit- und Olivinkristallen sind.

Kurze Bibliographie

Autran, A., Peterlongo, J. M. (1979): Massif Central. – Revue des Sciences Naturelles d'Auvergne, 45.

Bentor, Y. (1954): La Chaîne des Puys. – Bulletin du Service de la Carte géologique de la France, **LII**, no. 242.

Bout, P. (1960): Le Villafranchien du Velay. – Imp. Jeanne-d'Arc, CNRS.

Bout, P. (1973): Les volcans du Velay. – Imp. Watel, CNRS.

Brousse, R. (1961): Analyses chimiques des roches volcaniques tertiaires et quaternaires de la France. – Bulletin du Service de la Carte géologique de la France, **LVIII,** no 263.

Brousse, R. (1961): Minéralogie et pétrographie des roches volcaniques du massif du Mont-Dore (Auvergne). – Bull. soc. franc. minér. crist., **LXXIV.**

Brousse, R. et al. (1969): Eléments de chronologie des éruptions de la chaîne des Puys. – Bulletin de la Société géologique de France, série 7, **XI.**

Brousse, R. (1974): Le volcanisme en France. – Revue de la Haute Auvergne 76è Annee, **44**.

Brousse, R. (1969): Le Massif du Mont-Dore. – (G. de Bussac).

Geze, B. (1955): Le volcanisme des Causses et du Bas Languedoc (France). – Bulletin volcanologique, **XVII.**

Glangeaud, L. et al. (1965): Géochronologie et évolution paléomagnétique, géochimique, pétrologique et tectonophysique du massif volcanique du Mont-Dore (France). Bulletin de la Société géologique de France, **VII.**

Jung, J. (1946): Géologie de l'Auvergne et de ses confins bourbonnais et limousins. – Mém. Carte géol. France.

Jung, J., Brousse R. (1969): Les provinces magmatiques du volcanisme néogène et quaternaire de la France. – Bulletin du Service de la Carte géologique de la France, **LVIII,** no. 268.

Michel, R. (1953): Contribution à l'étude pétrographique des pépérites et du volcanisme tertiaire de la Grande Limagne. – Mémoire de la Société d'histoire naturelle d'Auvergne, **5**.

Parc naturel régional des Volcans d'Auvergne: zahlreiche Führer: Puy de Pariou, Puy de Dôme, . . .

Peterlongo, J. M,, De Goer de Herve, A. (1978): Massif Central. – Guides géologiques régionaux (Masson).

Revue des Sciences naturelles d'Auvergne, vol. 25 (1959), zahlreiche Artikel über den Vulkanismus der Limagne.

Roche, J. (1971): La Chaîne des Puys. – Collection „Découverte aérienne", CRDP.

Roques, M., Lapadu-Hargues, P. (1958): Itinéraires géologiques en Auvergne. – Le touriste en Auvergne, **36**.

Rudel, A. (1962): Les volcans de la chaîne des Puys. – Le touriste en Auvergne, **36**.

Rudel, A. (1966): Richesses minéralogiques en Auvergne, Éditions Volcans.

Rudel, A. (1970): Curiosités géologiques d'Auvergne et du Velay. Éditions Volcans.

Rudel, A. (1971): Les volcans d'Auvergne. –Éditions Volcans.

Rudel, A. (1974): Sources merveilleuses d'Auvergne et du Bourbonnais. – Éditions Volcans.

Vincent et al. (1975): Volcanologie de la chaîne des Puys. – Parc naturel régional des volcans d'Auvergne.

Vuittenez, H. (1964): Géologie cantalienne. – Imp. Moderne.

Namenregister

Sachregister

Ortsregister

Farbbilder

Farbbild 1 Bei Singen im Hegau erhebt sich der Hohentwiel, eine wunderschöne Phonolithintrusion mit einem Schloß auf dem Gipfel (Foto *Krafft*)

Farbbild 2 Steinbruch in dem Melilithitschlot des Stratovulkans Höwenegg (Hegau) (Foto *Krafft*)

Farbbild 3 Am Eingang des großen Steinbruchs oberhalb von Neuffen auf der Schwäbischen Alb ist der Kontakt eines Tuffschlots mit massivem Kalkstein großartig aufgeschlossen (Foto *Krafft*)

Farbbild 4 Der Krater des Windsborn, in dem ein See liegt (Westeifel) (Foto *Krafft*)

Farbbild 5 In dem Steinbruch am Wartgesberg steht diese riesige spindelförmige Bombe (Westeifel) (Foto *Krafft*)

Farbbild 6 Im Vordergrund das Gemündener Maar, im Hintergrund das Weinfelder und dahinter das Schalkenmehrener Maar (Foto *Krafft*)

Farbbild 7 Das Schalkenmehrener Maar in der Westeifel (Foto *Krafft*)

Farbbild 8 Ein Abbaubetrieb, in dem plattiger Selbergittuff ansteht (Weibern, Osteifel) (Foto *Krafft*)

Farbbild 9 Der Steinbruch am Herchenberg bietet ein schönes Profil durch einen Stratovulkan (Osteifel) (Foto *Krafft*)

Farbbild 10 Eine Tuffgrube bei Plaidt mit der Abfolge der Bimstuffdecken in der Westeifel (Foto *Krafft*)

Farbbild 11 Der Puy de Côme in der Chaîne des Puys mit zwei ineinanderliegenden Kratern (Foto *Krafft*)

Farbbild 12 Der Puy de Pariou in der Chaîne des Puys (Foto *Krafft*)

Farbbild 13 Der Puy de Dôme, wunderbare vulkanische Kuppe in der Chaîne des Puys (Foto *Krafft*)

Farbbild 14 Puppen und ausgestopfte Tiere, die von den versteinernden Quellen von Saint-Alyre bei Clermont-Ferrand mit Kalk überkrustet wurden (Foto *Krafft*)

Farbbild 15 Die Puys de la Vache und de Lassolas; im Hintergrund der Puy de Dôme und ein Teil der Chaîne des Puys (Foto *Krafft*)

Farbbild 16 Die Lavaströme von den Puys de la Vache und de Lassolas haben das Veyre-Tal abgeriegelt und den Aydat-See aufgestaut (Foto *Krafft*)

Farbbild 17 Die Puzzolangrube am Puy de Lantéguy in der Chaîne des Puys (Foto *Krafft*)

Farbbild 18 Die Sancyit-Staukuppe des Capucin im Mont-Dore (Foto *Krafft*)

Farbbild 19 Die Roche de la Tuilière im Mont-Dore mit säuligem Phonolith (Foto *Krafft*)

Farbbild 20 Der Puy de Sancy im Mont-Dore, höchster Gipfel des Zentralmassivs (1886 m) (Foto *Krafft*)

Farbbild 21 Die kleine Stadt Chaudes-Aigues im Cantal, wo natürliches Heißwasser für die Heizung der Haushalte benutzt wird (Foto *Krafft*)

1 Seite 147 2

3 Seite 148 **4**

5

7 Seite 149

6

8

9 Seite 151 10

11

Seite 152

12

13 Seite 153 14

15 Seite 154 **16**

17 Seite 155 **18**

19 Seite 156

20

Seite 157

21